Nabila Halouani

Dynamique sédimentaire du littoral de Tabarka, au Nord de la Tunisie

Nabila Halouani

Dynamique sédimentaire du littoral de Tabarka, au Nord de la Tunisie

Modélisation de l'évolution du rivage

Presses Académiques Francophones

Impressum / Mentions légales
Bibliografische Information der Deutschen Nationalbibliothek: Die Deutsche Nationalbibliothek verzeichnet diese Publikation in der Deutschen Nationalbibliografie; detaillierte bibliografische Daten sind im Internet über http://dnb.d-nb.de abrufbar.
Alle in diesem Buch genannten Marken und Produktnamen unterliegen warenzeichen-, marken- oder patentrechtlichem Schutz bzw. sind Warenzeichen oder eingetragene Warenzeichen der jeweiligen Inhaber. Die Wiedergabe von Marken, Produktnamen, Gebrauchsnamen, Handelsnamen, Warenbezeichnungen u.s.w. in diesem Werk berechtigt auch ohne besondere Kennzeichnung nicht zu der Annahme, dass solche Namen im Sinne der Warenzeichen- und Markenschutzgesetzgebung als frei zu betrachten wären und daher von jedermann benutzt werden dürften.

Information bibliographique publiée par la Deutsche Nationalbibliothek: La Deutsche Nationalbibliothek inscrit cette publication à la Deutsche Nationalbibliografie; des données bibliographiques détaillées sont disponibles sur internet à l'adresse http://dnb.d-nb.de.
Toutes marques et noms de produits mentionnés dans ce livre demeurent sous la protection des marques, des marques déposées et des brevets, et sont des marques ou des marques déposées de leurs détenteurs respectifs. L'utilisation des marques, noms de produits, noms communs, noms commerciaux, descriptions de produits, etc, même sans qu'ils soient mentionnés de façon particulière dans ce livre ne signifie en aucune façon que ces noms peuvent être utilisés sans restriction à l'égard de la législation pour la protection des marques et des marques déposées et pourraient donc être utilisés par quiconque.

Coverbild / Photo de couverture: www.ingimage.com

Verlag / Editeur:
Presses Académiques Francophones
ist ein Imprint der / est une marque déposée de
AV Akademikerverlag GmbH & Co. KG
Heinrich-Böcking-Str. 6-8, 66121 Saarbrücken, Deutschland / Allemagne
Email: info@presses-academiques.com

Herstellung: siehe letzte Seite /
Impression: voir la dernière page
ISBN: 978-3-8381-7237-8

Université de Tunis El Manar
Faculté des Sciences Mathématiques Physiques et Naturelles de Tunis
Département de Géologie

THESE

Présentée en vue de l'obtention du

DOCTORAT EN GEOLOGIE

Par :

Nabila HALOUANI

Etude de la dynamique sédimentaire de la frange littorale Tabarka–Berkoukech. Modélisation de l'évolution de son trait de côte.

Soutenue le 6 janvier 2012 devant le jury composé de :

Mrs : Habib BELAYOUNI, Professeur - FST   Président
     Moncef GUEDDARI, Professeur - FST   Directeur de la Thèse
     Saadi ABDELJAOUED, Professeur -FST   Rapporteur
     Ameur OUESLATI, Professeur - FSHST   Rapporteur
     Cherif SAMMARI, Professeur - INSTM   Examinateur

U.R. Géochimie et Géologie de l'Environnement

Je dédie ce travail à mon Père et à ma Mère pour la confiance qu'ils ont su garder en ma capacité à rendre à terme tous mes projets, pour leur irremplaçable et inconditionnel soutien, pour leur patience durant ces longues années d'étude. « Votre amour, votre soutien, vos sacrifices sans limites et vos encouragements m'ont été d'une aide précieuse.

Aucune dédicace ne saurait exprimer à sa juste valeur l'estime que j'ai pour vous.
Avec tout mon amour MERCI et que Dieu puisse vous prêter longue vie

Je vous aime

REMERCIEMENTS

Une thèse est bien entendu, un travail de longue haleine, un défi que l'on se donne à soi-même. Mais c'est surtout une formidable histoire de relations, de rencontres et d'amitié. La pratique de la recherche scientifique vous place souvent face à des questionnements intellectuels et des obstacles techniques. Les solutions, rarement simples et linéaires, ne se sont jamais trouvées sur mon tabouret de bench! Non, elles se sont imposées par le fruit des nombreux contacts que j'ai eu l'occasion de créer avec nombre de personnes passionnées dans leur projet et dans leurs spécialités. Cette période de préparation de la thèse aura été probablement l'un des plus beaux chapitres de ma vie. C'est avec mon enthousiasme le plus vif et le plus sincère que je voudrais rendre mérite à tous ceux qui, à leur manière, m'ont aidé à mener à bien cette thèse.

Tout d'abord, mes remerciements s'adressent à *M. Moncef Gueddari* qui m'a proposé le sujet de thèse et qui m'a encadré tout au long de ces années d'étude: Au travers de nos discussions, il m'a apporté une compréhension plus approfondie des divers aspects du sujet. Je salue aussi l'ouverture d'esprit de mon encadreur qui a su me laisser une large marge de liberté pour mener à bien ce travail de recherche. Je le remercie également pour la patience qu'il a consentie devant les changements d'humeur occasionnés par ce travail et pour m'avoir guidé et enseigné les réflexes du bon chercheur. Je lui suis reconnaissante, encore d'avantage, pour ses qualités humaines et pour son soutien sans faille dans les moments difficiles.

Je tiens à exprimer ma profonde gratitude à *M. Habib Belayouni,* qui m'a fait l'honneur de présider le jury de ma thèse de doctorat, pour l'intérêt et le soutien chaleureux dont il a toujours fait preuve. Je lui réserve un remerciement particulier pour sa disponibilité et ses conseils dans les moments difficiles. Il était toujours là à mon écoute.

Je suis très reconnaissante à *Messieurs Saadi Abdeljouad et Ameur Oueslati* d'avoir accepté le rôle de rapporteur. Les commentaires et les questions de ces personnalités scientifiques, tant sur la forme du mémoire que sur son fond, ont contribué à améliorer de manière significative le document.

J'ai été très honorée de l'intérêt qu'a manifesté *M.Cherif Sammari*, Professeur à l'INSTM, á ce travail de recherche. Je le remercie cordialement d'avoir accepté de l'examiner.

J'aimerais profiter de l'occasion pour remercier sincèrement le Professeur *Omran Frihy* à Coastal Research Institute, en Egypte, qui m'a fait profiter de ses compétences scientifiques et de ses réflexions enrichissantes et je lui dois la rencontre avec *M.Essam Deabes* Docteur à Coastal research Institute, que je remercie infiniment pour son aide précieuse dans l'application du Modèle GENESIS et pour les nombreux échanges que nous avons eu au sujet de la modélisation côtière. J'ai apprécié sa grande disponibilité et sa qualité scientifique et humaine.

J'ai eu également le plaisir de collaborer avec des laboratoires internationaux. Je pense en premier lieu à *M.Félice Di Grigorio* directeur de « Laboratorio di Geologica Ambientale e Termographia », à l'Université de Calgari, pour son accueil chaleureux et l'intérêt qu'il m'a prodigué durant mon stage au sein de son laboratoire et je lui suis reconnaissante pour le temps qu'il ma consacré, pour sa générosité et pour sa sympathie.

J'aimerais également remercier *M. Jo De Waele*, Professeur au Dipartimento di Scienze della Terra e Geologico-Ambientali à l'Université de Bologne pour son amitié et pour avoir réalisé les analyses minéralogiques des sédiments et ainsi pour le programme granulométrique qu'il m'a fourni.

J'adresse un remerciement tout particulier, avec toute ma reconnaissance, au Professeur *Antonio trigo Textira* de l'instituto Supérior Técnico de Lisobonne-Portugal pour le stage qu'il m'accordé dans son laboratoire et pour son aide indispensable dans l'application du modèle STWAVE.

Mes remerciements vont également à *M. François Sabatier* et *M. Jules Fleruy* du Centre Européen de Recherche et d'Enseignement des Géosciences de l'Environnement à Aix en Provence, pour le travail de précision et les discussions fructueuses effectuées à l'occasion de l'analyse diachronique des photographies aériennes.

Je tiens à remercier *M. Alberto Marini,* Directeur de « Laboratorio TELEGIS » Dipartimento Scienze della Terra à l'Université de Calgari pour son amitié, pour sa collaboration et pour son soutien continu pour achever ce travail.

Je remercie également tous mes amis et collègues de la Faculté des Sciences de Tunis, particulièrement, *Safa Fathallah, Besma Tlili, Mouna Keteta, Besma Zouabi, Safa Mansouri, Raja Zouari, Raja Haj Amor, Chadia, Amina, Aziza Ben Romdhane, Khaouther, Dorsaf, Zouhair Ayadi, , Brahim, Nadhem, Romdhane, Hakim, Walid, Wadii et Soulyemène* que j'ai côtoyé durant ces années de thèse. La liste de toutes ces personnes est bien trop longue pour les citer de manière exhaustive. Cependant, j'aimerais que chacun puisse trouver ici l'expression de ma gratitude et de mon amitié, pour leur contribution à cette ambiance de travail chaleureuse et néanmoins studieuse et pour les beaux moments inoubliables.

J'exprime aussi ma profonde reconnaissance et mes meilleurs sentiments à ma chère amie, précieux partenaire quasi quotidien, *Imen Hamdi,* pour l'amitié qu'elle a toujours manifestée envers moi, pour sa disponibilité et son soutien.

Je dois un grand merci à mes chers amis et collègues *Wissem Gharbi* et *Mourad Fezai*. Ils m'ont beaucoup aidé à surmonter les problèmes techniques liés au Modèle STWAVE.

J'exprime mes plus vifs remerciements à mon cousin préféré *Fethi Lili* pour l'affectueuse amitié dont il a toujours fait preuve et à mes chers amis *Daly, karim Garsallah, Marc Hernendez, Ines Haous, Mirsel, Ahlem, Henda, Hanen, Haifa, Souad et Salma*, ceux et celles que je porte dans mon cœur et qui m'ont encouragé et supporté moralement.

Je ne pourrais jamais oublier le soutien et l'aide des personnes chères de ma nombreuse et merveilleuse famille, mes frères *Mohamed et Majed,* mes sœurs *Meniar et Jawaher*, ma grande mère *Chelbia*, mes oncles *Hessine, Habib, Neji, Khaled, Fouazi*, mes tantes *Hamida, et Rachida,* mon beau frère *Ahmed,* ma belle sœur *Wafa,* ainsi que mes cousins et mes chères cousines

Que ceux que j'ai oublié de remercier veuillent bien m'excuser.

TABLE DES MATIERES

1

LISTE DES FIGURES

4

LISTE DES TABLEAUX

INTRODUCTION

Les littoraux constituent des environnements fragiles dans lesquels se manifestent de multiples facteurs d'évolution, naturels et anthropiques. Ils ont une grande valeur écologique, sociale et économique et attirent, de plus en plus, la convoitise de l'homme, qui ignore souvent les conditions de stabilité de l'espace littoral.

Les activités qui se développent dans les espaces littoraux, en particulier le long des côtes sableuses, ont souvent pour résultat de déstabiliser ces milieux dynamiques et précaires avec, par endroits, des conséquences environnementales spectaculaires.

Parmi les causes anthropiques qui sont à l'origine de la déstabilisation des plages, par érosion et recul de leur trait de côte, il convient de citer la construction des barrages sur les cours d'eau exoréiques, les extractions de granulats et de sable des côtes sableuses et à galets, les perturbations du transit sédimentaire par les installations portuaires, le dépérissement des herbiers sous-marins et les constructions au bord des plages.

L'élévation contemporaine du niveau de la mer et l'accroissement de la fréquence et de la force des tempêtes ont aggravé ce phénomène d'érosion.

En Tunisie, les côtes sableuses qui s'étendent sur 575 km (HP, 1995), pour un linéaire de côte de 1300 km, n'échappent pas à cette tendance mondiale au recul. En effet, les activités humaines et les aménagements élaborés d'une façon imprévoyante ont conduit à des déséquilibres morphologiques et sédimentaires de plusieurs espaces côtiers avec, par endroits, la disparition presque totale des plages.

Le littoral de Tabarka-Berkoukech, n'échappe pas à ce phénomène de dégradation et connaît, par endroits, un recul de sa ligne de rivage, malgré qu'il n'a pas été très sollicité par l'activité anthropique. Il fait partie de la façade septentrionale du littoral de Tunisie, et se distingue par son exposition directe aux vents forts, et par un paysage où des plages sableuses et des champs dunaires sont associés à des falaises et des rivages rocheux.

Le présent travail a été réalisé, en partie, dans le cadre du projet européen MEDCORE "Mediterranean Coast River Ecosystems". Il vise les principaux objectifs suivants :

- identifier l'origine des sédiments de surface de la frange littorale Tabarka-Berkoukech et les conditions de leur répartition dans la plage aérienne et dans les petits fonds ;
- déterminer les facteurs et les phénomènes naturels et anthropiques qui interviennent dans le système érosion-transport-dépôt ;
- l'analyse diachronique de l'évolution de la ligne de rivage et de la topographie des petits fonds ;
- simuler l'évolution spatio-temporelle, à long terme, de son trait de côte, par l'application du modèle STWAVE, qui simule la propagation de la houle vers la côte, et du modèle GENESIS, qui calcule le transit sédimentaire.

Ce manuscrit se compose de cinq chapitres et d'une conclusion générale :
- le premier chapitre présente le cadre général du littoral Tabarka – Berkoukech : cadre géologique, conditions climatiques et hydrodynamiques et géomorphologie côtière et sous marine ;
- le chapitre II est consacré aux matériels et méthodes utilisées pour les analyses granulométriques et minéralogiques et pour la quantification de taux de recul et /ou d'avancée de la ligne de rivage ;
- la compilation et l'interprétation des résultats des analyses granulométriques et minéralogiques des sédiments sont présentés dans le chapitre III ;
- le quatrième chapitre traite l'analyse diachronique de l'évolution du trait de côte de Tabarka-Berkoukech, durant les périodes 1963-1989 et 1989-2001, à l'aide des photographies aériennes de trois missions et des cartes topographiques au 1/50 000 et au 1/25 000 ;

-    le cinquième chapitre est réservé à la simulation de la propagation de la houle, par le modèle STWAVE et à la modélisation de l'évolution, à court et à long terme, de la ligne de rivage de la côte de Tabarka-Berkoukech, par l'application du modèle GENESIS.

CHAPITRE I
CADRE GENERAL DU SECTEUR D'ETUDE

I.   SITUATION GEOGRAPHIQUE

Le littoral de Tabarka-Berkoukech appartient à la façade nord du littoral tunisien, qui s'étend entre la frontière algéro-tunisienne et Ras Sidi Ali Mekki. Il est limité à l'Ouest par le port de Tabarka et à l'Est, par l'embouchure de l'oued Berkoukech (Figure 1). Il est situé entre 36° 59' et 37° 8' de latitude Nord et entre de 8 ° 45 et 9 ° 11' de longitude Est.

Ce littoral est situé dans la région de Khroumirie – Mogods, qui est caractérisée par la présence des côtes rocheuses les plus accidentées du pays. La côte de Tabarka-Berkoukech, d'une longueur de 10 km, a une forme oblique de direction Nord-Est Sud-Ouest.

II.   CADRE GEOLOGIQUE

Le secteur d'étude, fait partie de la chaîne des Maghrébides de la Méditerranée occidentale, résultant de l'évolution géodynamique de la Téthys (Bouillin, 1986). La région de Tabarka-Berkoukech appartient à l'ensemble géologique de la Kroumirie ou "zone du Flysch", formé par des terrains gréseux et argileux de l'Oligocène (Numidien) et considérée comme une nappe de charriage mise en place au début du Pliocène (Solignac, 1927).

Les formations sédimentaires qui affleurent dans la région Tabarka-Nefza sont constituées de terrains autochtones (Ould Bagga et al, 2006), et d'autres allochtones, qui s'étalent du Trias jusqu'au Quaternaire (Rouvier, 1977).

II.1.   Stratigraphie

II.1.1. Le Trias

Le Trias affleure au Sud-Est de Tabarka, essentiellement aux Jebels Dougas et el Hamra. IL est diapirique et recoupe les différents terrains postérieurs (Figure 2).

14

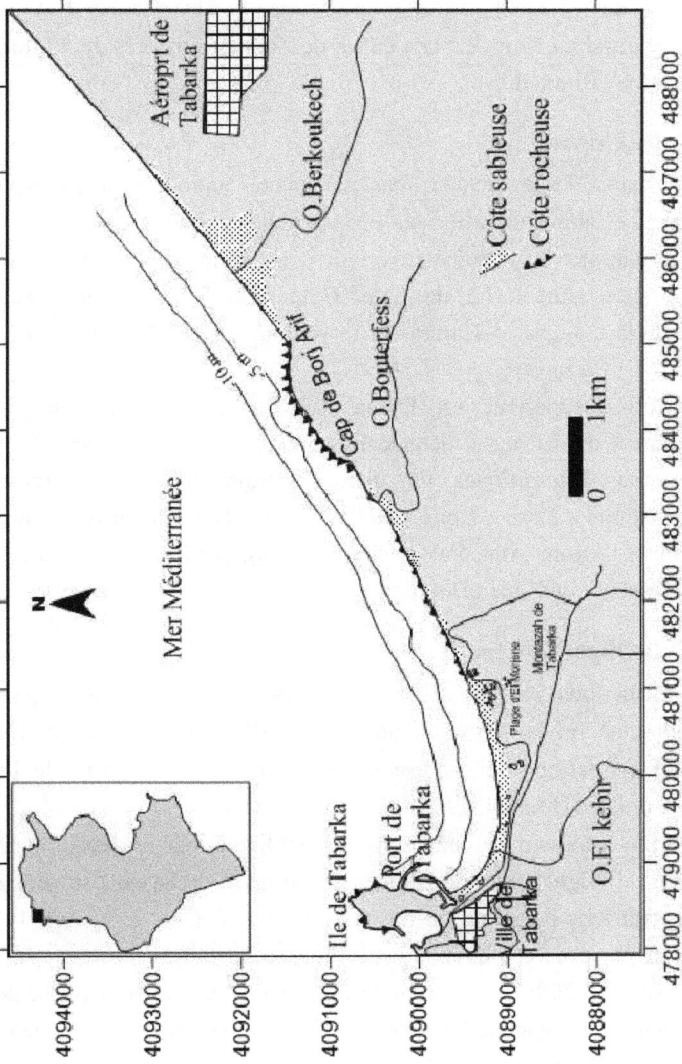

Figure 1.Localisation du secteur d'étude.

Le Trias est formé essentiellement par des grès fins, des pélites et des argilites, des calcaires, des dolomies et par des cargneules et du gypse. Il affleure aussi au Nord-Est des dunes de Zouaraa sur près de 5 kilomètres à Rhoumd Er Roumel.

II.1.2. Le Crétacé

Les terrains d'âge crétacé sont représentés uniquement par le Crétacé supérieur (Campanien inférieur – Maestrichtien supérieur)

Les formations du Crétacé supérieur constituent les flancs de l'anticlinal d'Ain Alleg, situé au NE de l'oued Bouterfess. Elles sont adossés au Trias des Jebels Dougas et Hamra où le prolongement SW de la structure de Argoub Er Remmane.

Le Crétacé supérieur est formé par des calcaires crayeux, par des alternances de marnes et de calcaires, par des argilites et par des marnes à concrétions dolomitiques. On distingue trois unités lithologiques: unité Kasseb, unité Adissa et unité Ed Diss (Figure 3). Cette dernière constitue la cuvette et l'amont immédiat du site du barrage El Moula, situé à 2,5 km de l'embouchure de l'oued Bouterfess.

II.1.3. L'Oligo-Miocène

Les formations tertiaires sont représentées essentiellement par l'unité Numidienne ou le "flysch Numidien " d'âge oligo-miocène. C'est une épaisse formation argilo-gréseuse qui forme la couverture de l'extrême Nord Tunisien (Mahrsi, 1987).

L'énorme épaisseur de cette série est expliquée par le développement, au cours de l'Oligocène et du Miocène inférieur ; de bassins subsidents péri-méditerranéens piégeant les flyschs numidiens (Carr & Miller, 1979). La mise en place de ces bassins est lié au jeu de failles normales (Frizon de Lamotte et al, 2006), en relation vraisemblablement avec la phase de rifting qui a lieu à l'Oligocène à l'échelle de la Méditerranée occidentale (Rehault et al, 1984; Watts et al, 1993).

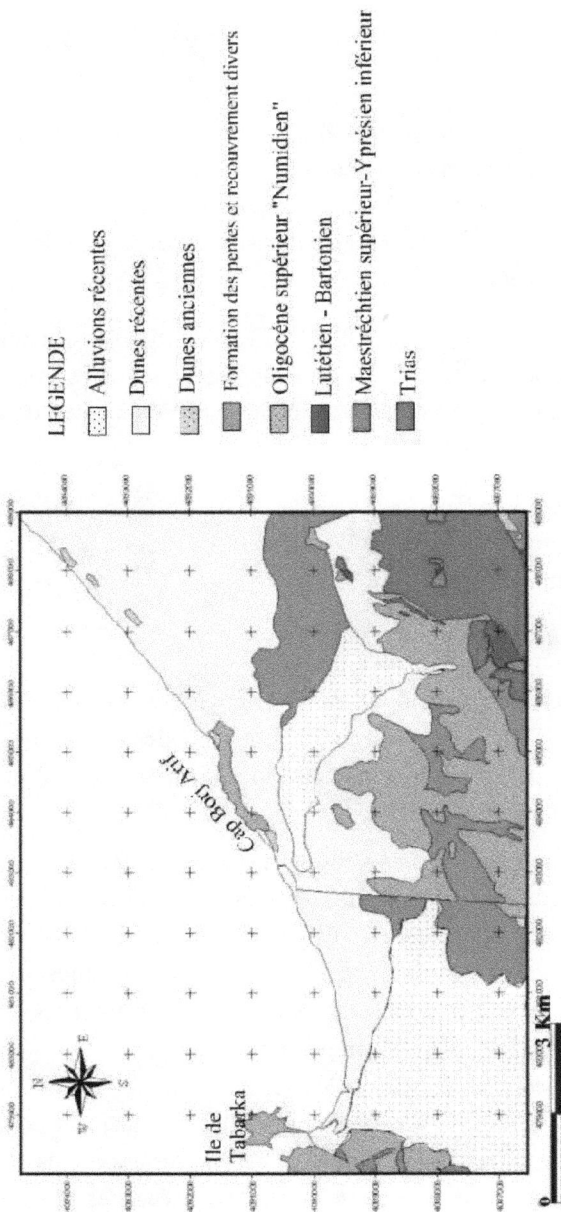

LEGENDE

Alluvions récentes

Dunes récentes

Dunes anciennes

Formation des pentes et recouvrement divers

Oligocéne supérieur "Numidien"

Lutétien - Bartonien

Maestréchtien supérieur-Yprésien inférieur

Trias

Figure 2. Carte géologique de la région d'étude (Rouvier, 1973)

17

L'unité numidienne est composée de trois termes lithologiques (Glaçons et Rouvier, 1967) :

1. Un terme basal "Faciès ZOUZA", qui se compose d'argilites noirâtres, avec des intercalations gréseuses. Il affleure sur les deux flancs de l'anticlinal d'Ain Allega et dans la région de Fidh el Debouba au Nord-Ouest de Tabarka. Ce terme apparaît sur la partie supérieure de la rive gauche de l'oued Bouterfess (Figure 3).

2. Un terme médian "Faciès GRES de KROUMIRIE", constitué de bancs de grès blancs, pyriteux, d'épaisseur métrique, avec des alternances d'argilites grises. Ce sont les formations prédominantes dans la région d'étude.

3. Un terme sommital "Faciès BABOUCH", qui est composé d'argilites grises et de roches siliceuses. Il affleure à l'Est et en parallèle de la route Tabarka -Ain Draham.

II.1.4. Le Quaternaire

Le Quaternaire est développé dans les criques et le long des principaux cours d'eau (Figure 2). Il est constitué essentiellement par des formations de pente et par des alluvions souvent associées à des dépôts dunaires consolidés (éolianites).

1. Les formations des pentes et recouvrements divers
Il s'agit de différents matériaux d'altération superficielle, sous la forme d'éluvions, de colluvions et d'éboulis de pentes. Ce sont des silts, des argiles, du sable, des cailloux et des blocs angulaires de différentes dimensions, remaniés et mélangés, qui se retrouvent sur les versants avec une épaisseur très variable selon les endroits.

2. Les alluvions anciennes et récentes
Ce sont des alluvions accumulées dans les lits majeurs et mineurs des oueds et dans les hautes et les basses terrasses. Ils sont formés principalement par des sables, des argiles envasées, des silts sableux et par des matériaux graveleux.

18

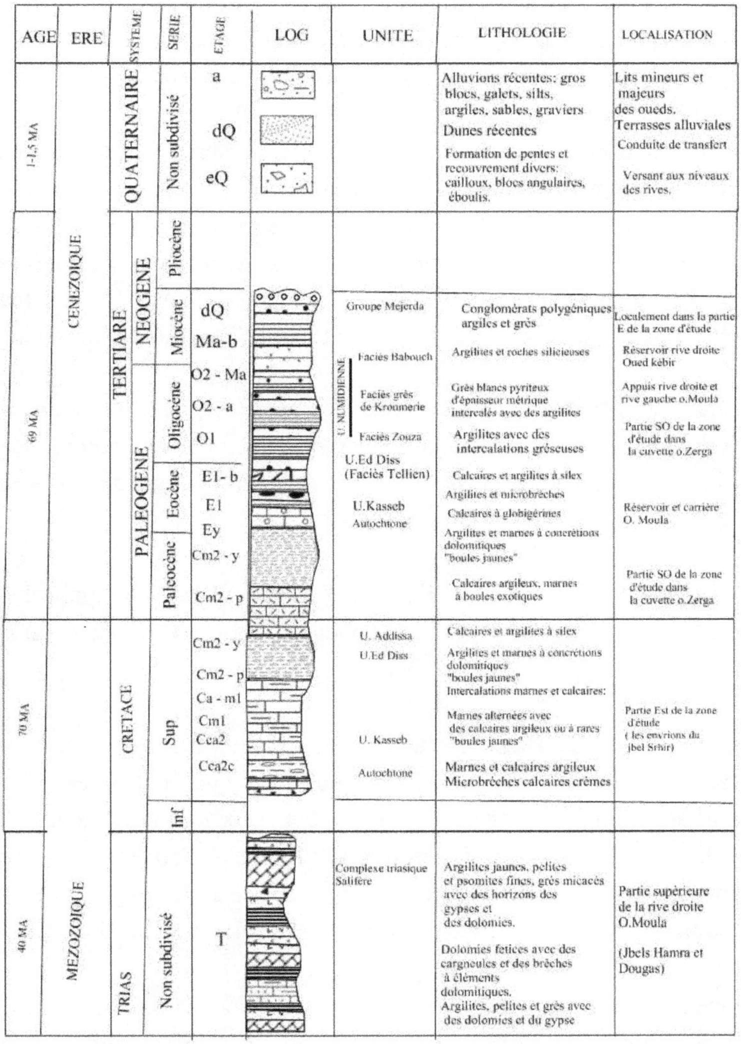

AGE	ERE	SYSTEME	SERIE	ETAGE	LOG	UNITE	LITHOLOGIE	LOCALISATION
1-1.5 MA	CENEZOIQUE	QUATERNAIRE	Non subdivisé	a / dQ / eQ			Alluvions récentes: gros blocs, galets, silts, argiles, sables, graviers. Dunes récentes. Formation de pentes et recouvrement divers: cailloux, blocs angulaires, éboulis.	Lits mineurs et majeurs des oueds. Terrasses alluviales. Conduite de transfert. Versant aux niveaux des rives.
69 MA	CENEZOIQUE	TERTIARE / NEOGENE	Pliocène			Groupe Mejerda	Conglomérats polygéniques argiles et grès	Localement dans la partie E de la zone d'étude
			Miocène	dQ / Ma-b		Faciès Babouch	Argilites et roches siliceuses	Réservoir rive droite Oued kébir
		TERTIARE / PALEOGENE	Oligocène	O2 - Ma / O2 - a / O1		Faciès grès de Kroomerie	Grès blancs pyriteux d'épaisseur métrique intercalés avec des argilites	Appuis rive droite et rive gauche o.Moula
			Eocène	E1- b / E1		Faciès Zouza	Argilites avec des intercalations gréseuses	Partie SO de la zone d'étude dans la cuvette o.Zerga
						U.Ed Diss (Faciès Tellien)	Calcaires et argilites à silex	
				Ey		U.Kasseb	Argilites et microbrèches	
			Paléocène	Cm2 - y		Autochtone	Calcaires à globigérines	Réservoir et carrière O. Moula
				Cm2 - p			Argilites et marnes à concrétions dolomitiques "boules jaunes". Calcaires argileux, marnes à boules exotiques	Partie SO de la zone d'étude dans la cuvette o.Zerga
70 MA		CRETACE	Sup	Cm2 - y		U. Adaissa	Calcaires et argilites à silex	
				Cm2 - p		U.Ed Diss	Argilites et marnes à concrétions dolomitiques "boules jaunes". Intercalations marnes et calcaires:	Partie Est de la zone d'étude (les environs du jbel Srhir)
				Ca - ml / Cm1 / Cca2		U. Kasseb	Marnes alternées avec des calcaires argileux ou à rares "boules jaunes"	
			Inf	Cca2c		Autochtone	Marnes et calcaires argileux. Microbrèches calcaires crèmes	
40 MA	MEZOZOIQUE	TRIAS	Non subdivisé	T		Complexe triasique Salifère	Argilites jaunes, pelites et psomites fines, grès micacés avec des horizons des gypses et des dolomies. Dolomies fetices avec des cargneules et des brèches à éléments dolomitiques. Argilites, pelites et grès avec des dolomies et du gypse	Partie supérieure de la rive droite O.Moula (Jbels Hamra et Dougas)

Figure 3. Les différentes formations géologiques (Glaçons et Rouvier, 1967)

19

1. Les éolianites wûrmiennes

Les dépôts dunaires sont formés par des éolianites épaisses qui datent du Pléistocène supérieur (Würm) et qui affleurent le long de toute la côte nord de la Tunisie. Ces dunes littorales anciennes consolidées constituent la formation Cap Blanc (Paskoff et Sanlaville, 1983 ; Oueslati, 1994). Elles montrent une succession de couches de sables dunaires correspondant à des transgressions marines intra-wurmiennes, dont une, vers 30 000 ans B P, a approché le zéro actuel, et de dépôts limoneux colluviaux ou alluviaux pédogénisés et encroûtés, indiquant des variations thermiques et pluviométriques notables (Paskoff et Sanlaville, 1983). Ces éolianites affleurent dans deux localités le long du littoral Tabarka –Berkoukech

-Entre l'hôtel El Morjene et la plage de Bouterfess, où affleure une petite falaise, haute de quelques mètres et taillée dans un grès coquillier à litage dunaire, sur laquelle viennent des sables ocres et gris qui sont fixés par un maquis.

-Entre l'oued Bouterfess et l'embouchure de l'Oued Berkoukech. Elle présente des cheminées de décarbonatation bourrées de sables argileux rouges.

L'éolianite du Cap Blanc est caractérisée par son litage incliné et par la présence d'Hélix. On y distingue deux membres riches en fractions coquillères d'origine marine (Figure 4). Ces deux membres traduisent des oscillations eustatiques positives, intervenues très probablement pendant la première partie du Würm, qui ont rapproché le niveau de la mer de sa position actuelle, sans toutefois l'atteindre (Paskoff et Sanlaville, 1983).

Le membre supérieur est composé d'un grès quartzeux à ciment calcaire, à forte composante biodétritique (40% en moyenne) faite de débris d'organismes marins (mollusques, échinodermes, algues, foraminifères). La cimentation est de nature calcitique.

Le membre inférieur est composé d'un grès assez vacuolaire et friable à forte teneur en CaCO3, constitué essentiellement de débris de coquilles, qui implique la proximité relative d'un rivage fournisseur de matériel coquillier Il est toutefois coiffé d'une croute lamellaire brun rouge épaisse de 3 á 5 cm (Paskoff et Sanlaville, 1983).

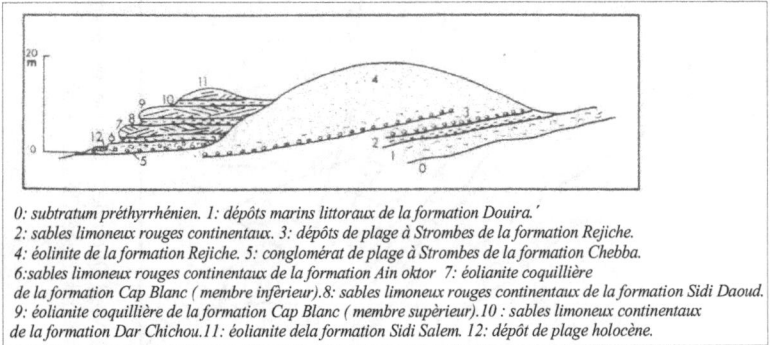

0: subtratum préthyrrhénien. 1: dépôts marins littoraux de la formation Douira.'
2: sables limoneux rouges continentaux. 3: dépôts de plage à Strombes de la formation Rejiche.
4: éolinite de la formation Rejiche. 5: conglomérat de plage à Strombes de la formation Chebba.
6:sables limoneux rouges continentaux de la formation Ain oktor 7: éolianite coquillière
de la formation Cap Blanc (membre infèrieur).8: sables limoneux rouges continentaux de la formation Sidi Daoud.
9: éolianite coquillière de la formation Cap Blanc (membre supèrieur).10 : sables limoneux continentaux
de la formation Dar Chichou.11: éolianite dela formation Sidi Salem. 12: dépôt de plage holocène.

Figure 4. Coupe synthétique et interprétative du Quaternaire récent de la côte de la Tunisie (Paskoff et Sanlaville 1983)

II.2. Cadre structural

L'ensemble gréso-argileux du secteur d'étude se présente comme une série de plis et replis sensiblement parallèles de la direction dominante NNE - SSO, qui se suivent sur des grandes distances ; avec souvent un flanc fortement redressé ou même renversé.

Ces plis sont dus à une mise en place par charriage de matériaux allochtones qui ont subi ensuite plusieurs phases de déformations souples ou cassantes, traduites par un réseau de failles orientées sensiblement Est-Ouest et qui s'incurvent généralement vers le Nord dans la partie Est (Figure 5).

Le massif dunaire d'Ouchtata masque le substratum géologique, mais les affleurements visibles au Nord, au Sud et à l'Est permettent de préciser les structures essentielles qui apparaissent en petits massifs anticlinaux séparés les uns des autres par des unités synclinales.

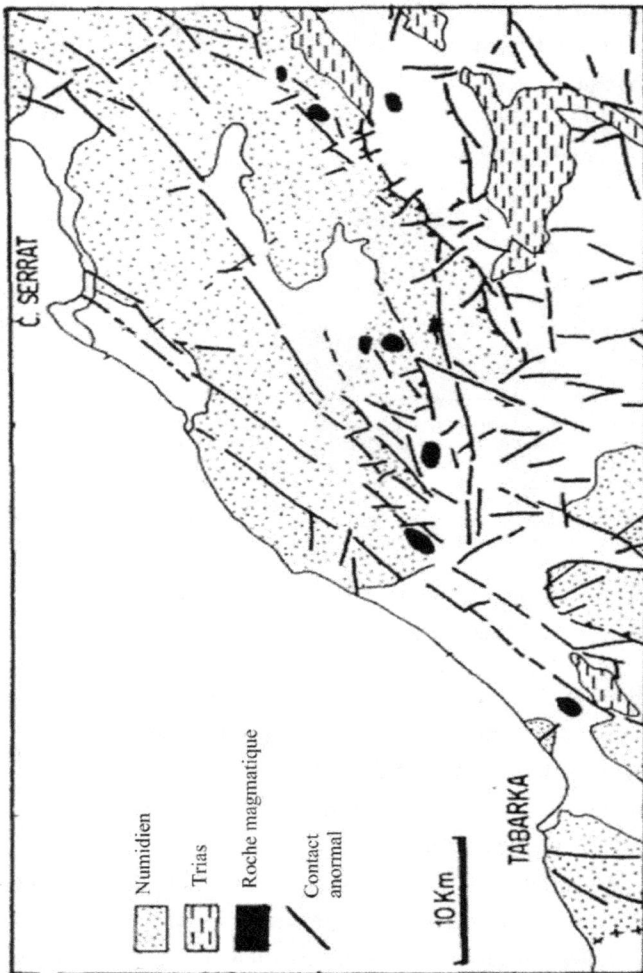

Figure 5. Carte structurale de l'extrême Nord Ouest de la Tunisie montrant le réseau de fracturation observé en surface. (Dlala, 1995).

22

III.   LE RESEAU HYDROGRAPHIQUE

Le réseau hydrographique exoréique du littoral de Tabarka-Berkoukech est formé par trois cours: oued El kébir, oued Bouterfess et l'oued Bekcoukech.

III.1. Oued El kebir

Le bassin versant de l'oued El Kebir a une superficie de 165 km2. Son apport annuel en eau est estimé à 85 106 m3, pour un coefficient d'écoulement de 25% (Kallel, 1979).

L'apport solide de l'oued El Kebir est estimé à 0,368 106 tonnes/an (Saadaoui, 1995).

III.2. Oued Bouterfess

L'oued Bouterfess, qui a un bassin versant de 78 km2, draine la plaine de Meknas dont le périmètre comprend:

- les vallées de l'oued Bouterfess, présentant une topographie plus ou moins régulière;

- une zone de piémont, située au Sud-Est, à faible pente et dont la topographie est assez chahutée par le ravinement;

- une zone de dunes anciennes, où la topographie est régulière, dans la partie centrale et ondulée dans la partie est;

- une vaste zone de dunes récentes présentant des pentes allant jusqu'à 15%.

L'oued Bouterfess a une longueur de 12 km et une pente moyenne de 43m/km. L'apport en eau par cet oued est estimé à 22 106 m3 /an (Kallel, 1979), alors que sa charge solide est estimée à 0,210 106 tonnes/an (Saadaoui, 1995).

Le principal affluent permanent de l'oued Bouterfess est l'oued El Moula, dans lequel se jettent les autres oueds temporaires : oued El Hamra, oued Ghbala, oued Khrashif et oued El Raml.

Oued Berkoukech

Le bassin versant de l'oued Berkoukech a une superficie de 81 km2, dont 49 km2 sont couverts de dunes non ruisselantes.

Les affluents de l'oued sont : oued Tratib, oued El khrarib, oued Gloub et oued faddan el karma. Son apport annuel en eau est estimé à 9 106 m3, pour un coefficient d'écoulement de 25% (Kallel, 1979).

IV.   CADRE GEOMORPHOLOGIQUE

IV.1. Géomorphologie côtière

Le long de la frange côtière Tabarka-Berkoukech on distingue les unités géomorphologiques suivantes, de l'Ouest vers l'Est, (Figure 6) :

- la plage d'EL Corniche, où débouche l'oued Kebir ;
- la plage d'El Morjène,
- une série des caps rocheux intercalée par de petites baies sableuses ;
- la plage de Bouterfess où débouche l'oued Bouterfess ;
- le Cap gréseux de Borj Arif ;
- la plage de Berkoukech où débouche l'oued Berkoukech ;
- Les dunes d'Ouechtata qui bordent la limite orientale du secteur d'étude.

IV.1.1. Les plages actuelles

Les plages de la frange littorale Tabarka-Berkoukech sont exposées aux vents forts des secteurs septentrionaux Elles appartiennent à un segment côtier connu pour la fréquence et par la violence de ses tempêtes, surtout au cours de la saison hivernale. Leur morphologie est caractérisée par un bas de plage large de quelques décamètres à plus de 100 m (au droit de l'oued Berkoukech) et par un bourrelet de haut de plage, ou avant- dune, haut en moyenne de 4 à 8 m et à tracé très rectiligne (Oueslati, 2004).

L'avant-côte se caractérise par un modelé de sillons et de rides sableuses souvent épaisses et bien marquées.

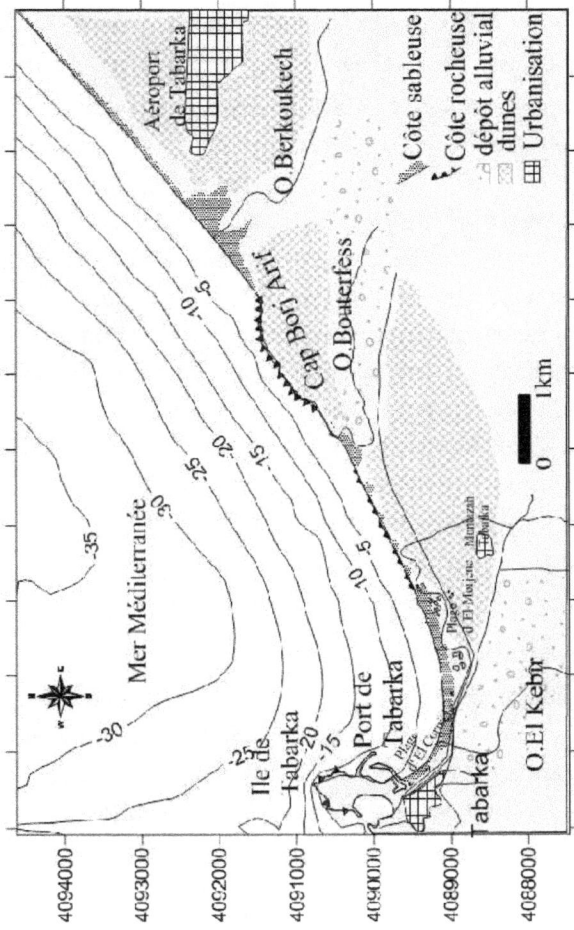

Figure 6. Carte géomorphologique du littoral Tabarka-Berkoukech.

Côte sableuse
Côte rocheuse
dépôt alluvial
dunes
Urbanisation

Mer Méditerranée

Île de Tabarka
Port de Tabarka
Tabarka
O.El Kebr
Cap Bou Arif
O.Bouterfess
O.Berkoukech
Aéroport de Tabarka

0   1km

25

IV.1.1.1. La plage d'El Corniche

Située entre la digue Est du port de Tabarka et l'embouchure de l'oued El Kebir (

Figure 7), cette plage est relativement abritée vis-à-vis de l'action de la houle du secteur NW ; ce qui explique son engraissement, en particulier dans la zone juste sous le vent du port, par piégeage des sédiments transportées par la dérive littorale de direction Est - Ouest.

IV.1.1.2. La plage d'El Morjène

Elle s'étend depuis l'embouchure de l'oued El Kébir jusqu'à l'hôtel El Morjene ; sur une longueur de 1750m. Elle s'adosse sur la dune bordière et a une largeur est de 52 m dans sa partie ouest et de 115m dans sa partie est. Un complexe hôtelier « Montazeh de Tabarka » a été bâti en 1992 derrière la route touristique et la plage el Morjene (Figure 8).

Elle présente des indices de démaigrissement. En effet, la dune bordière est taillée en falaise et les fonds marins sont devenus de plus en plus profonds après la construction du nouveau port pendant la période 1968-1970 (Jlassi, 1993).

IV.1.1.3. La plage de Bouterfess

Elle s'est développée de part et d'autre de l'embouchure de l'oued Bouterfess, sur une longueur de 1000 m. Sa largueur varie de 30m à 50m. Elle est limitée à l'Est par des criques rocheuses intercalées par des baies sableuses et à l'Ouest par le cap gréseux de Borj-Arif (Figure 9).

IV.1.1.4. La plage de Berkoukech

Elle constitue la partie ouest de la plage Zouaraa. Cette plage est abritée par le cap de Borj Arif. Sa largeur varie de 75m dans sa partie occidentale à 150 m dans sa partie orientale (Figure 10).

Figure 7. La plage d'El Corniche protégée par la digue du port (Mai 2006).

Figure 8. La plage d'El Morjene devant le complexe hôtelier de Montazeh
Tabarka
(Mai 2006).

IV.1.2. Les falaises

Elles apparaissent en différents points de la frange littorale étudiée, principalement entre l'extrémité est de la plage El Morjène et l'embouchure de l'oued Berkoukech. Elles ont une hauteur de 5 à 10 m et ont un profil à pentes fortes. Elles sont taillées dans les dunes consolidées ou dans le flysch Numidien (Figure 11). Ces falaises, qui subissent l'attaque frontale de la houle, contribuent à l'alimentation des plages voisines en sédiments sableux.

IV.1.3. Le champ dunaire

Le secteur d'étude est caractérisé par un champ dunaire, à morphologie variée et complexe, qui s'étend sur plusieurs kilomètres à l'intérieur des terres. Ce champ est l'un des plus étendus sur les côtes tunisiennes (Figure 12).

Les dunes appartiennent à plusieurs générations et sont soit consolidées, soit meubles (Gottis, 1953).

IV.1.3.1.   Les dunes consolidées ou anciennes

Ces dunes apparaissent en de nombreux endroits à la faveur des migrations des dunes actuelles ou en bordure de celles-ci. Elles s'étendent depuis l'hôtel El Morjene jusqu'à l'embouchure de l'oued Bouterfess et réapparaissent à l'Est prés de l'embouchure de l'oued Berkoukech et dans la région de Nefza.

Ces dunes montrent une stratification entrecroisée et ont un ciment calcaire et les seuls fossiles qu'elles contiennent   sont des helix : "Helix melanostoma" DRAP. et "H. Constantinae" FOREES (Manaa, 1987)

Les dunes consolidées sont colonisées par les espèces végétales suivantes : Quercus su ber, Pistacia ientiscus, Philiyrea media, Rhamnus, Asparagus acutlfolius, Geranium robertianum ssp purpureum, Calycotome villosa

Figure 9. La plage de Bouterfess en Mai 2006.

Figure 10. La plage de Berkoukech en Mai 2006.

Figure 11. La Falaise de Berkoukech en Mai 2006

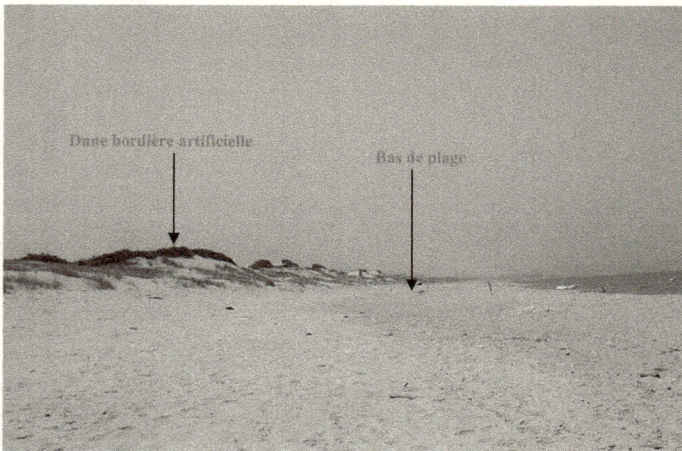

Figure 12. Le champ dunaire du littoral Tabarka- Berkoukech
en Mai 2006.

IV.1.3.2.   Les dunes mobiles ou actuelles

Les dunes vives, qui s'étendent entre la falaise de Berkoukech et l'extrémité orientale de la zone d'étude, peuvent atteindre jusqu'à plus de 20m de hauteur. D'importants travaux de fixation de ces dunes ont été réalisés, afin de limiter leur érosion et d'arrêter leur migration vers le Sud-Est (Miossec, 1998).

La fixation des dunes vives a débuté en 1953 sur la partie la plus continentale avec un front d'avancement des travaux vers la mer. Le procédé consiste à installer une haie de branchage de chêne-kermes et de genévriers à la limite du haut de plage selon une ligne parallèle au trait de côte. Au fur et à mesure du recouvrement par le sable, on 'installe une deuxième haie sur la première, sachant que ce profil d'équilibre est atteint vers 14m de hauteur. Plusieurs tranchées sont ainsi réalisées, mais la dune reste vive, ce qui a nécessite le recours à un autre système de fixation de branchages qui est le clayonnage dont les dimensions dépendent de l'exposition au vent et de la pente.

La troisième étape consiste à planter le cordon dunaire avec deux espèces d'acacias: acacia cyclopis et acacias cyanophylla. Les résultats obtenus avec cette technique sont satisfaisants, malgré le pacage illicite par les ovins et bovins (Farnole, 2000).

IV.2. Géomorphologie sous-marine

Les levés bathymétriques réalises en 1996 dans la zone comprise entre le port de Tabarka et l'hôtel El Morjéne (Figure 13) montrent que les isobathes -1m à -8m sont irrégulières et inégalement espacées, avec de nombreux hauts-fonds et des fosses, alors que le tracé des isobathes entre -8 et -15 m est très régulier indiquant une pente stable. L isobathe – 2 m se trouve á 200 m de la côte alors que l'isobathe -10m se trouve à 600 m de la côte, soit une pente de 1,6%.

Ces levés bathymétriques et les photos aériennes de 1963 montrent que la plage sous-marine de Tabarka -Berkoukech est caractérisée par un système de barres sableuses festonnées et par la présence de fosses pré-littorales (Figure 13 et Figure 14).

Selon la terminologie de Wright et Short (1984), ces barres sont de type « rythmic bar and beach" ou « transverse bar and rip ». La morphologie de ces barres décrit deux cornes reliées entre elles par une crête en arc de cercle (ventre) et séparées par une fosse (Figure 13.). La profondeur de la crête est maximale au niveau des ventres et minimale au niveau des cornes. Elles sont localisées le long de la frange littorale Tabarka – Berkoukech, entre 100 et 200 m de la côte, et ont une longueur d'onde moyenne de 300 m. (Figure 14.).

V.   CADRE CLIMATIQUE

Le climat du secteur d'étude est de type méditerranéen à hiver doux. Il appartient à l'étage bioclimatique subhumide, marqué par de grandes agitations de la mer, dues à l'action du vent des secteurs Ouest à Nord.

V.1.   La température

Les moyennes mensuelles des températures enregistrées à la station de Tabarka durant la période 1986-2003 (Figure 15) montrent que le mois de Janvier est le plus froid, avec une température de 11,6°C, et que le mois d'Août est le plus chaud (26,5°C).

V.2.   La pluviométrie

La pluviométrie moyenne annuelle, enregistrée à la station de Tabarka, est de 949,4 mm, pour la période de 1986 à 2003, avec 115 jours de pluie par année hydrologique.

Les précipitations moyennes mensuelles sont irrégulières. Le mois de décembre est le plus humide, avec une pluviométrie moyenne de 174,9 mm, alors que le mois de juillet est le plus sec, avec une moyenne de 3,3 mm (Figure 16).

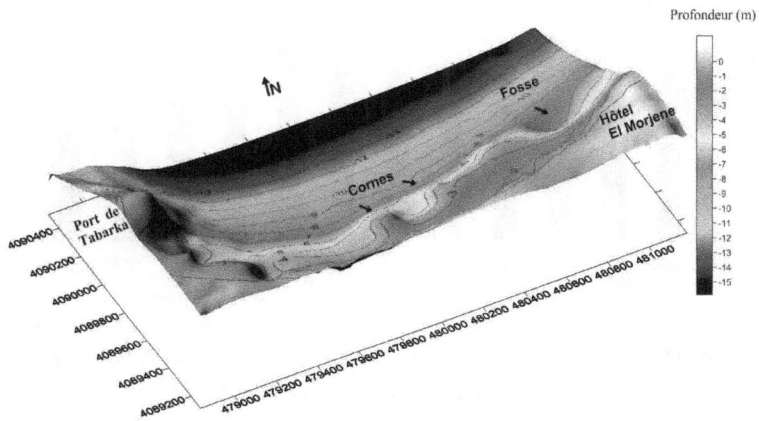

Figure 13. Carte bathymétrique tridimensionnelle de 1996 montrant les
barres festonnées

Figure 14. Localisation des barres festonnées sur les photos aériennes
de 1963.

33

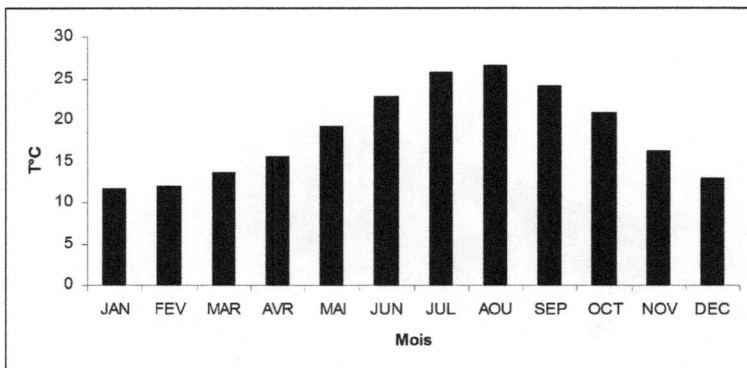

Figure 15.Température moyenne mensuelle à la station de Tabarka,
pendant la période 1986-2003 (INM, 2006)

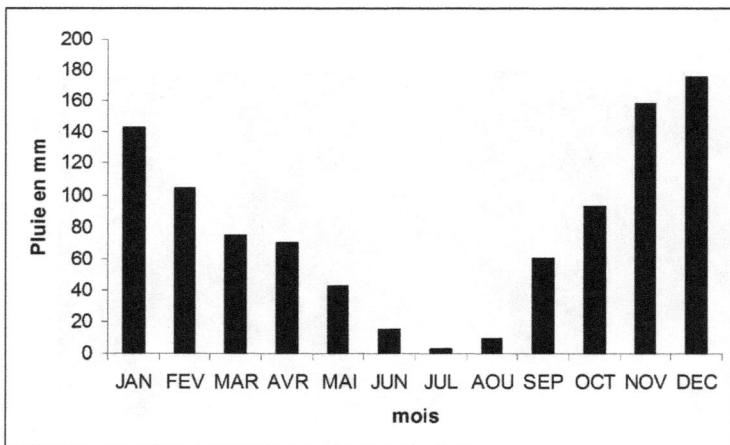

Figure 16. Précipitation moyenne mensuelle à la station de Tabarka,
pendant la période 1986-2003 (INM, 2006)

V.3. L'évaporation

Les valeurs de l'évaporation mesurées à la station de Tabarka, durant la période de 1986-2003 montrent que la moyenne mensuelle maximale est enregistrée en Juillet, avec une valeur de 214,3 mm. La moyenne mensuelle minimale est enregistrée au mois de Janvier, avec une valeur de 92,8 mm (Figure 17). L'évaporation moyenne annuelle pour cette période est de 1586.8 mm.

V.4. Le Vent

Les données relatives à la direction et à la fréquence des vents à la station de TABARKA pour la période 1996-2006, montrent que (Figure 18) :

- les vents les plus fréquents soufflent des secteurs E et W et sont faibles à modérés, avec une vitesse entre 1 et 5 m/s.
- les vents forts (vitesses entre 6 et 10 m/s) soufflent des secteurs W et N-W, mais ne représentent que 2,2 % des observations. La direction, la force et l'occurrence des vents changent, généralement, d'une saison à une autre (Figure 19).

Les vents des secteurs Est et Ouest sont dominants durant toute l'année. Leur intensité est beaucoup plus importante en hiver.

VI. LES PARAMETRES HYDRODYNAMIQUES

La dynamique sédimentaire d'un littoral, en considérant le système érosion -transport –dépôt, est régie principalement par l'action de la houle, de la marée et de leurs courants associés.

VI.1. La houle

La houle est considérée comme le principal facteur de l'hydrodynamique sédimentaire et donc de l'évolution de la ligne de rivage.

35

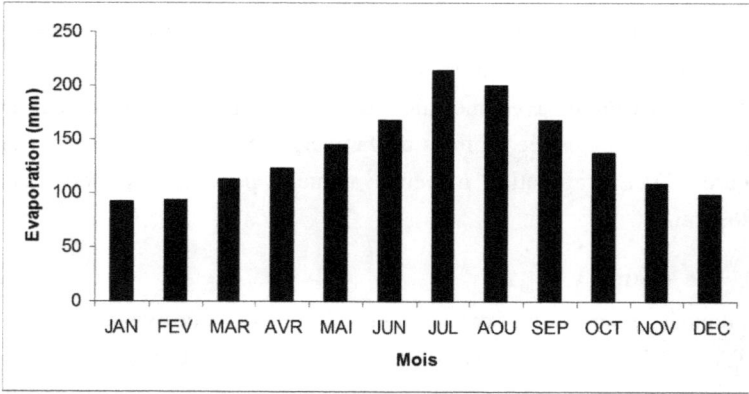

Figure 17. Evaporation moyenne mensuelle à la station de Tabarka,
pendant la période 1986-2003 (INM, 2006)

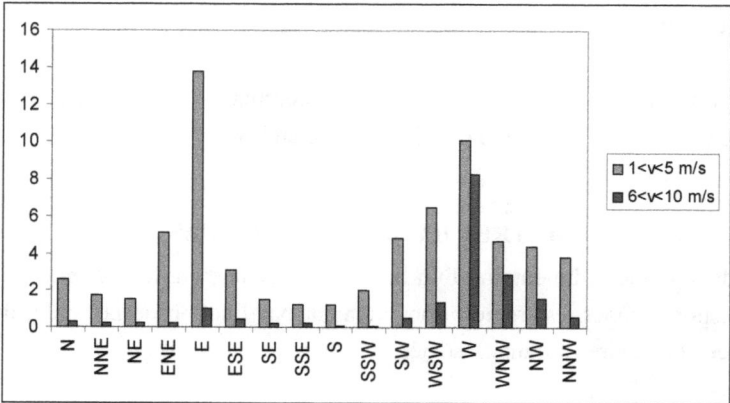

Figure 18. Directions et fréquences annuelles des vents pour la période
1996-2006 (INM, 2006)

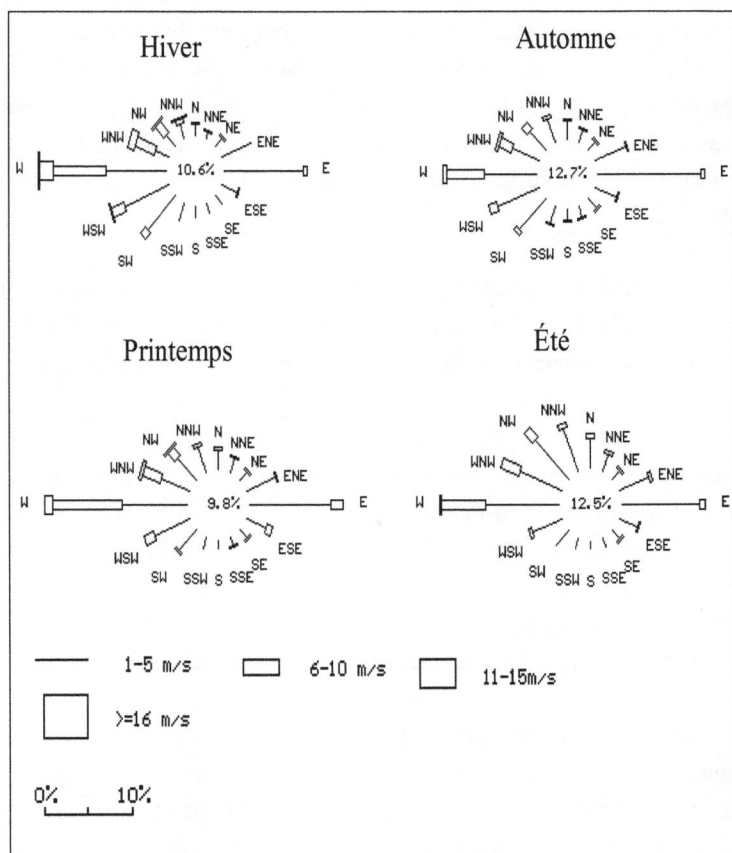

Figure 19. Rose de Vents à Tabarka pour la période de 1996-2006
(INM, 2006).

VI.1. Les caractéristiques de la houle au large

Au large de la zone d'étude, les hauteurs significatives de la houle varient entre 0,5 m et 7 m. L'histogramme des fréquences des hauteurs (Figure 20) révèle que plus de 49,32 % des houles ont une hauteur significative inférieure à 2 m. Ces houles agissent pendant 150 jours par an. Cette fréquence est suivie par la classe comprise entre 2 m et 4 m, qui correspond à 24,6 % des observations et par la classe de 4 m à 7 m, avec 4,58 %. Les très fortes houles dont la hauteur dépasse 7m ne représentent que 0,25 % (INM, 2006).

La rose des houles (Figure 21) qui illustre la distribution fréquentielle de la propagation des houles par secteur, fait apparaître différentes directions : deux directions principales (W et NW) et trois autres secondaires (E, N et NE).

Les houles du secteur W représentent 33,4 % des cas. Celles du secteur NW sont également importantes, et présentent 31,2% des observations. Les houles secondaires des secteurs Est, Nord, Nord-Est, représentent respectivement 14,7 %, 13,6% et 7,1 %.

La variabilité mensuelle de la fréquence des houles en fonction de leur hauteur, permet de distinguer les caractéristiques suivantes (Figure 22 et Figure 23) :

- Les houles les moins fortes (hauteur inférieures à 2 m) sont les plus fréquentes pendant toutes les saisons. Les maxima d'occurrences sont enregistrés durant la période estivale (46,99 % pour des houles significatives <2m), ceci montre que l'été est caractérisé par des houles peu agressives.

- les houles fortes à très fortes (hauteur supérieure 2 m) affectent le littoral étudié pendant l'automne et l'hiver.

- Les houles dominantes des secteurs W et NW sont bien réparties sur toutes les saisons.

- Les houles d'Est et du NE sont d'importance secondaire et sont plus fréquentes pendant la saison estivale.

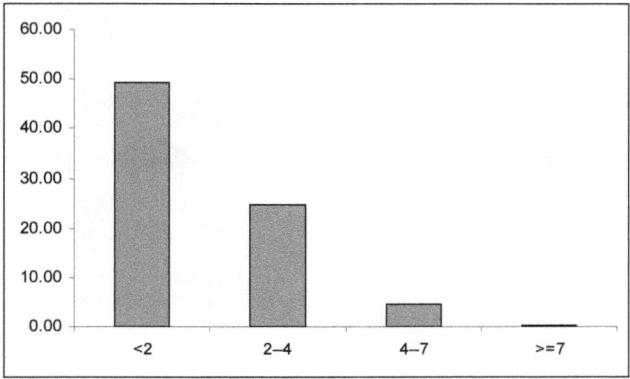

Figure 20. Histogramme de fréquence des hauteurs significatives (m)
de la houle à Tabarka pour la Période de 1971 à 1980. (INM, 2006).

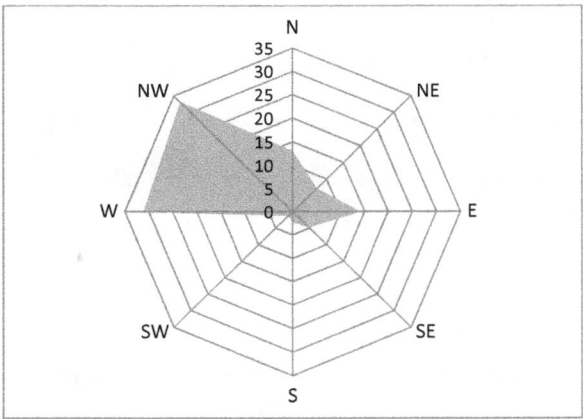

Figure 21. Distribution fréquentielle (%) des secteurs de la houle
à Tabarka pour la période de 1971 à 1980 (INM, 2006).

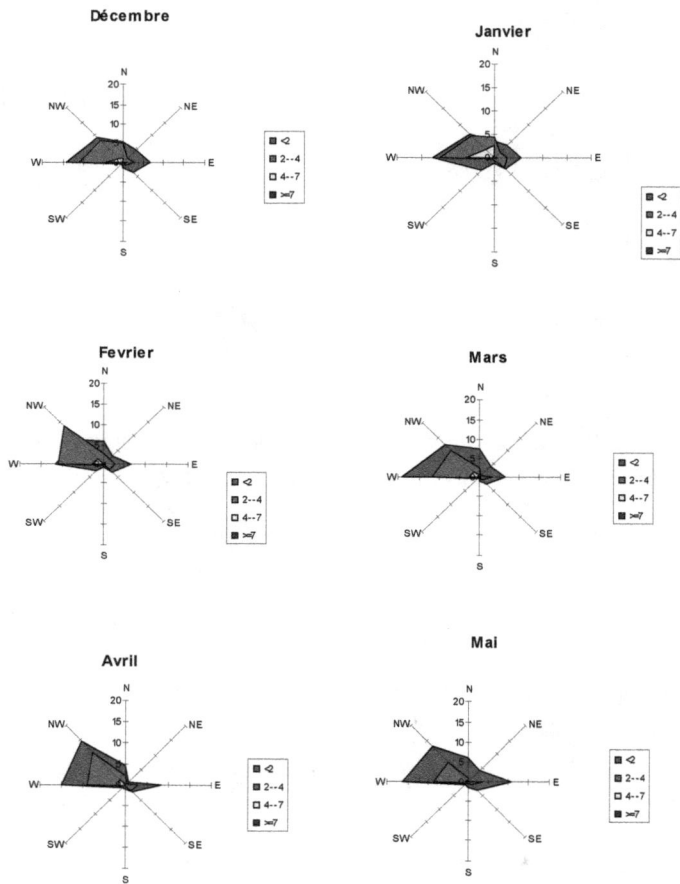

Figure 22.Variation mensuelle de la houle au large pour la période
entre 1971 et 1980`à la station de Tabarka (saison hivernale)

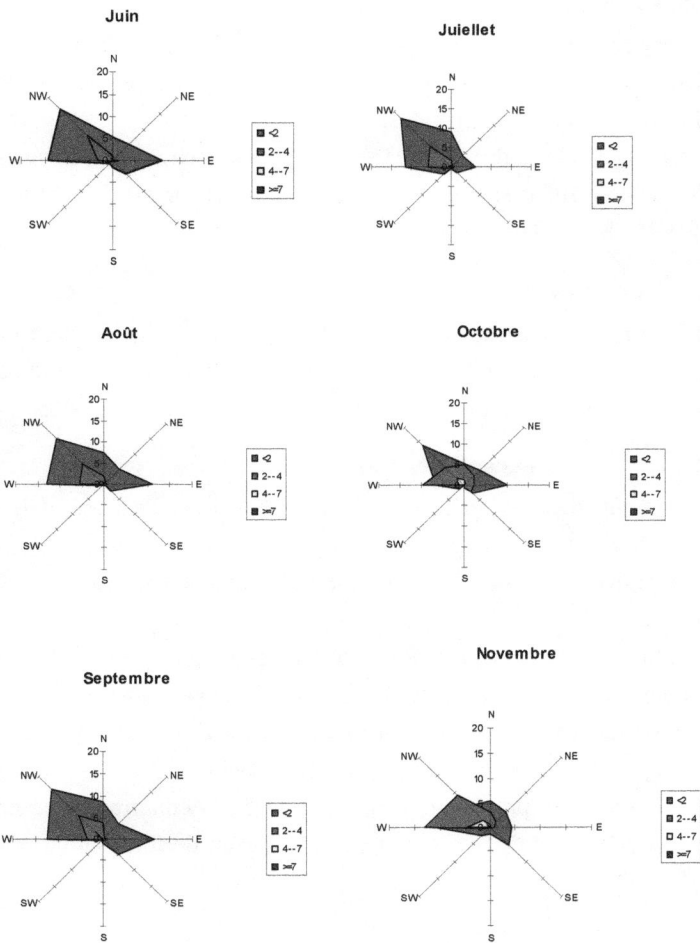

Figure 23 .Variation mensuelle de la houle au large pour la période
entre 1971 et 1980 à la station de Tabarka (saison estivale)

VI.2. La marée

La marée est une oscillation périodique du niveau marin liée essentiellement à l'action gravitationnelle de la lune et du soleil sur les molécules d'eau (Chapon, 1978).

Le marnage le long du littoral Tabarka-Berkoukech est peu important. Les valeurs enregistrées sont comprises entre 45 et 60 cm (B.C.E.O.M, 1960, in HP 1995 ; MII, 1979 et SHOT, 1994).

VI.3. Les courants

Les courants constituent un agent important dans le transport des sédiments. Ils sont de trois types: les courants généraux, les courants causés par la marée et les courants engendrés par la houle.

VI.3.1. Les courants généraux

Ces courants caractérisent la circulation des masses d'eau à grande échelle, c'est-à-dire au niveau d'un océan ou d'une mer.

Au large des côtes nord de la Tunisie, on distingue deux courants généraux essentiels :

➢ Un courant provenant de l'Ouest et traversant le canal de Sardaigne (Migniot, 1978). Ce courant, d'origine atlantique, apporte des eaux de faible salinité (Molcard *et al*, 2002). Devant les côtes nord de la Tunisie, sa vitesse pourrait atteindre 0,5 à 0,7 m/s (HP, 1995).

➢ Un courant provenant de l'Est, de la Méditerranée orientale en traversant le canal de Sicile. Il apporte des eaux de forte salinité (Molcard *et al,* 2002).

Au voisinage de la Galite, les courants sont dirigés vers l'Ouest et sur les petits fonds, ils peuvent atteindre la vitesse de 2 nœuds (1m/s) (HP, 1995).

VI.3.2. Courant induit par la houle

Les vagues arrivent en général sur le rivage avec une certaine obliquité. Un courant de houle ou courant littoral apparaît entre les lignes de déferlement et le trait de côte et se dirige parallèlement à la côte. Ces courants induisent une dérive littorale susceptible de transporter des sédiments apportés du large ou arrachés à la côte par la houle.

L'angle d'incidence des crêtes de houle par rapport à l'orientation de la ligne de rivage conditionne le sens et l'intensité du courant longitudinal et des transports sédimentaires induits par ces processus (Levoy, 1994). L'intensité de ces courants dépend aussi de la hauteur, de la période et de la direction de la houle, ainsi que de la nature, de la rugosité et de la pente des fonds marins.

Le long de la frange littorale de Tabarka-Berkoukech, les houles du secteur Nord-Est induisent une dérive littorale principale orientée vers l'Ouest alors que les houles du secteur NW induisent une dérive littorale secondaire orientée vers l'Est.

Lors de la propagation de la houle vers le la côte, se forment, dans la zone de déferlement, des courants transversaux : courants de jet de rive dirigés vers la côte et courants d'arrachements dirigés vers le large. La résultante de l'action de ces deux courants est matérialisée par une tendance á l'érosion pendant la période des tempêtes.

VI.3.3.   Les courants de marée
Les courants de marée sont des déplacements horizontaux de la tranche d'eau, qui sont caractérisés par leur réversibilité. Ces courants permettent le brassage des eaux de surface avec celles du fond marin. Ils engendrent des tourbillons susceptibles de remettre   en suspension les sédiments. Si le marnage est   important, ces courants agissent dans l'hydrodynamique côtière.
Sur la côte Nord de la Tunisie, les courants de marées sont faibles, avec une vitesse maximum de 10 cm/s (SGTE et la LCHF, 1978 in HP, 1995). Ils sont souvent masqués par les courants liés à la houle.

VI.4. La remontée du niveau marin

Il existe deux types de changement du niveau marin: local (isosatique) et global (eustatique). Le premier résulte de mouvements relatifs du niveau marin par rapport aux déplacements terrestres, causés par des phénomènes tectoniques. Le second type est dû aux changements eustatiques qui affectent l'ensemble du globe par l'augmentation du volume d'eau des océans suite au réchauffement climatique global. Cette remontée du niveau marin peut provoquer une érosion des rivages.

Les variations du niveau de la mer à l'échelle mondiale, pendant ces derniers 100 ans, sont de l'ordre de 1 à 2 mm/an.

La variation relative du niveau marin sur le littoral tunisien s'appuie sur les données archéologiques et historiques.

VII. L'ACTIVITE ANTHROPIQUE

L'urbanisation balnéaire et la construction du port de Tabarka ont induit une perturbation dans la distribution des matériaux le long du littoral Tabarka-Berkoukech et, par conséquent, une modification de son trait de côte.

VII.1. Les ouvrages portuaires

L'ancien port, situé dans le secteur compris entre les aiguilles et l'île de Tabarka, a constitué un premier obstacle au transit sédimentaire. Entre 1954 et 1956, le bassin du port a piégé une quantité de sédiments estimée à environ 38000 m^3 (Jlassi, 1993).

Au début des années 1970, ce port a été abandonné, après l'endommagement de ses digues (Oueslati, 2004), ce qui a conduit au rattachement de l'île au continent par un tombolo sableux.

Le nouveau port, situé à l'Est de l'île de Tabarka., a été construit au cours de la période de1968-1970 (HP, 1994). Il est délimité par deux grandes jetées. La première, au Nord, de 260m de long, prolonge le mole romain puis, à partir de son milieu, s'incurve de 50° vers le sud. La deuxième, à l'Est, est longue de 470m et disposée presque perpendiculairement au rivage et s'infléchit ensuite de 32° vers l'ouest. Le bassin du port a une superficie de 8,5 ha (dont 5,3 ha pour -5,5m et 3,2 ha pour -3, 5m) accessible par une passe de 70 m de large.

La construction du nouveau port, a modifié l'évolution de la plage d'el corniche, située à l'Ouest de l'embouchure de l'oued el Kébir. En effet, la jetée sud-est du port, a intercepté la dérive littorale et les apports par l'oued El Kébir, entraînant l'engraissement de la plage d'el corniche. Malgré un prolongement de la digue Est, jusqu'à une longueur de 557m, (BECOM/STUDI, 1981), elle n'a pas été suffisante pour empêcher le phénomène d'ensablement du bassin du port.

VII.2. Les constructions en bord de mer

Plus de 15 hôtels, des résidences secondaires, des routes et différents espaces récréatifs ont été construits le long du littoral Tabarka-Berkoukech, en particulier dans la zone située entre le port de Tabarka et la côte rocheuse.

Les chantiers de construction des hôtels se sont parfois accompagnés d'un défonçage très profond des dunes sur une surface importante. Un terrain de golf, situé entre la plage d'El Morjene et la plage de Bouterfess, a été aménagé aux dépens des dunes bordières. Il s'étend sur environ 110ha (Oueslati, 2004). Au droit de certains hôtels, comme l'hôtel Dar Ismaïl, Abou Nowas, El Mehari et El Morjene, le bourrelet de la dune bordière a été rasé pour permettre aux clients de mieux profiter de la vue sur la mer. Le sable prélevé a été partiellement étalé sur le haut de plage sous forme d'une banquette fixée par du gazon. D'autre part, les aménagements ont souvent perturbé les échanges sédimentaires entre le rivage et son arrière pays. Les escaliers et les pistes installés sur la falaise, située après l'hôtel El Morjene, ont parfois réactivé les phénomènes de ravinement et de glissement de terrain.

CHAPITRE II

METHODE ET TECHNIQUE D'ANALYSES

UTILISEES

I. MODE DE PRELEVEMENT ET CAMPAGNES D'ECHANTILLONNAGE

Quatre campagnes de prélèvements d'échantillons de sédiments superficiels de la plage aérienne (dune, haut de plage et bas de plage) et de la plage sous-marine (-2m, -5m et - 7m) du littoral Tabarka-Berkoukech ont été effectuées en avril 2006 et 2007 et en août 2006 et 2007 (Figure 24). Le prélèvement des sédiments des petits fonds a concerné 8 radiales encadrant la zone d'étude (Figure 25). L'échantillonnage a été assuré par un plongeur et la localisation des sites de prélèvement a été faite par un GPS radar. L'échantillonnage des sédiments de surface au niveau du haut de plage, du bas de plage et des dunes bordières ont été effectués à la main. Au total 224 échantillons de sédiments ont été prélevés et ont fait l'objet d'analyses granulométriques et minéralogiques. L'analyse minéralogique a concerné seulement le sédiment total.

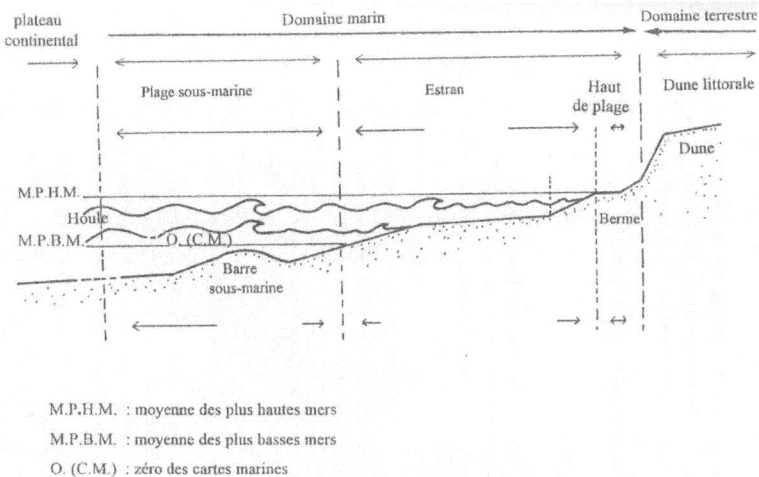

M.P.H.M. : moyenne des plus hautes mers
M.P.B.M. : moyenne des plus basses mers
O. (C.M.) : zéro des cartes marines

Figure 24. Les différentes unités géomorphologiques d'une plage (Paskoff, 1985, modifiée)

47

II. ANALYSES GRANULOMETRIQUES

On procède à un tamisage à sec de la fraction grossière (diamètre supérieure à 63 µm) durant 15 mn en utilisant une série de tamis de type AFNOR dont les mailles sont de 63, 100, 180, 250, 355, 500, 630 et 800 µm.

Pour chaque échantillon, on a établi une courbe granulométrique dans un diagramme semi-logarithmique dans lequel l'ordonnée représente le pourcentage cumulé du refus et l'abscisse le diamètre correspondant.

Quelques indices et paramètres de classement, d'ordre numérique, ont été déterminés à partir de ces courbes.

Pour chaque échantillon, on a établi, à l'aide du logiciel granulométrique, l'histogramme des fréquences séparées, la courbe des fréquences cumulées et on a déterminé les quintiles et quelques indices granulométriques : le grain moyen (Mz), le sorting index (σ) et le skewness.

II.2.1.Fractiles

On appelle fractiles les dimensions des particules correspondant à des pourcentages cumulatifs déterminés.

Pour le calcul des indices granulométriques, on a utilisé les fractiles suivants :

- La médiane Md (ou Q50), qui est la taille des grains (en mm) correspondant à 50% du poids cumulé.
- Les quartiles Q25 et Q75, qui représentent la taille des grains (en mm) correspondant à 25% et à 75% du poids cumulé.
- Les pentiles (Q25 etQ95) représentant la taille des grains (en mm) correspondant à 5% et à 95% du poids cumulé.
- Les fractiles (Q 16 et Q84) représentent la taille des grains (en mm) correspondant à 16% et à 84% du poids cumulé.

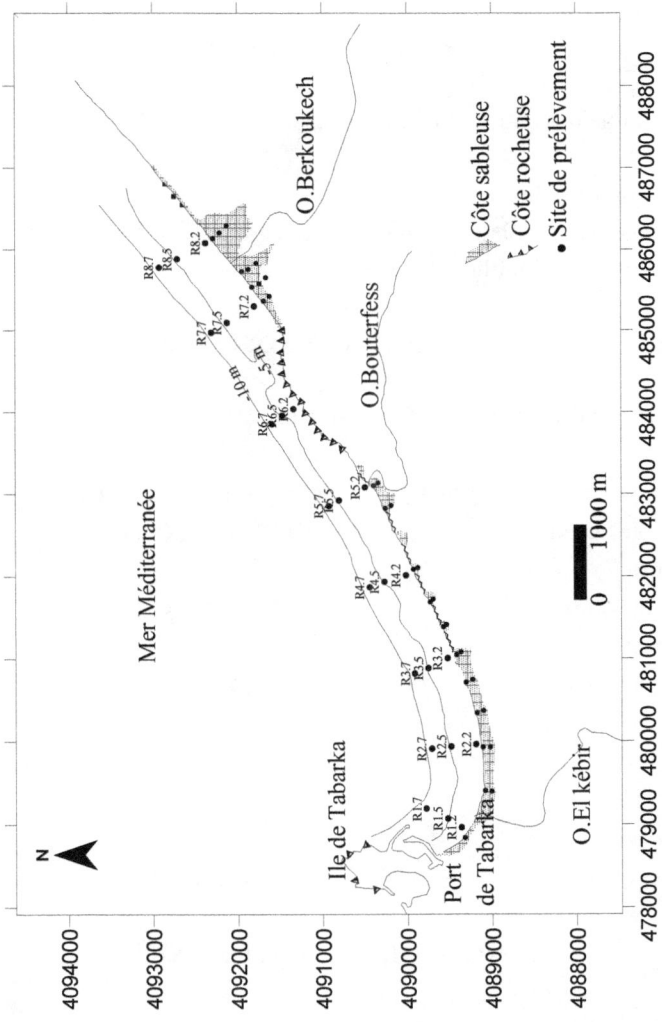

Figure 25. Carte de localisation des sites de prélèvements des sédiments superficiels dans le secteur d'étude.

49

II.2.2.Echelle Phi

L'échelle $\varnothing$ (x), qui correspond au pourcentage du poids cumulé, est définie comme suit (Wentworth, 1922) :

$$\varnothing (x) = [-\log (qx)] \times 3.3219$$

Où q(x) : taille des grains (en mm) correspondant à x% du poids cumulé.

II.2.3.Moyenne (Mz)

La moyenne exprime la taille moyenne des grains d'un échantillon sableux (Folk et Word, 1957). Elle est calculée comme suit :

$$Mz = Q16 + Q50 + Q84 / 3$$

Mz permet d'individualiser les faciès suivants :

- Graviers et sables grossiers : Mz< 1$\varnothing$ (Mz > 500 µm)
- Sables moyens : 1$\varnothing$ <Mz < 2$\varnothing$ (250 < Mz < 500 µm)
- Sables fins : 2 $\varnothing$ < Mz < 3 $\varnothing$ (125< Mz < 250µm)
- Sables très fins : 3$\varnothing$ < Mz < 4 $\varnothing$ (63 < Mz < 125 µm)
- Silt et argiles : Mz > 4 $\varnothing$ (Mz < 63µm)

II.2.4.Ecart type (σ)

L'écart type est calculé par la relation suivante (Folk, 1966) :

$$\sigma = (Q84 - Q16)/4 + (Q9S - QS) / 6.6$$

Cet indice permet de distinguer les types de sables suivants :

- Sable très bien classé : σ < 0.350 $\varnothing$

- Sable bien classé : $0.35 < \sigma < 0.500 \varnothing$
- Sable modérément classé : $0.50 < \sigma < 1 \varnothing$
- Sable mal classé : $1 < \sigma < 2 \varnothing$
- Sable très mal classé : $2 < \sigma < 4 \varnothing$

II.2.5.Coefficient d'asymétrie (Skewness) Ski

Cet indice exprime l'asymétrie de la courbe des fréquences séparées par rapport à une distribution gaussienne. Dans le cas d'un échantillon sableux, le skewness informe sur l'enrichissement en particules fines (asymétrie positive), ou en particules grossières (asymétrie négative), ou s'il y a symétrie.

D'après la classification de Folk (1957), le coefficient d'asymétrie est défini par l'expression suivante :

$$Ski = (Q16 + Q84 - 2Q50) / 2 (Q84-Q16) + (Q5+Q95 - 2Q50) / 2(Q95 - Q5)$$

La valeur de ce paramètre nous permet de qualifier la courbe granulométrique comme suit :

- $- 1 < Ski < -0.30$: très asymétrique vers les grossiers.
- $- 0.30 < Ski < -0.10$: asymétrique vers les grossies.
- $- 0.10 < Ski < 0.10$: presque symétrique vers les grossiers.
- $0.10 < Ski < 0.30$: asymétrique vers les fins.
- $0.30 < Ski < 1$: très asymétrique vers les fins.

II.2.6.Diagramme de Passega

Le diagramme de Passega permet d'identifier le mode de transport du sédiment. Ce diagramme bilogarithmique (Figure 26) porte en abscisse, la taille du grain médian (Md) et, en ordonnée, les valeurs du premier centile (c).

51

A partir de la courbe granulométrique de chaque échantillon on détermine la médiane Md (50 %), qui représente la texture d'ensemble de dépôt et le percentile C (le diamètre du sédiment le plus gossier), qui donne la valeur des éléments les plus grossiers. Les valeurs de C et Md sont reportées sur un diagramme bilogarithmique, en ordonnée le premier percentile (C) et en abscisse la médiane (Md). Dans le cas où le premier percentile n'est pas représenté, on utilise le cinquième, ou, à défaut, le plus grand diamètre présent (Berthois, 1975).

Les différents patterns du diagramme Passega correspondent à plusieurs types de transport (Passega, 1977) :

- Le segment QR représente les sédiments transportés par saltation et qui sont caractérisés par l'absence de grains roulés et par un bon classement.
- Le segment PQ représente des dépôts semblables à ceux du point Q, auxquels s'ajoutent un petit nombre de grains transportés par roulement.
- Le segment OP représente les sédiments transportés essentiellement par roulement et par suspension gradée.
- Le segment NO représente des sédiments formés presque exclusivement par des grains transportés par roulement.
- Le segment RS reflète les sédiments transportés en suspension.
- La partie T représente la lutite, transportée en suspension pélagique, dont la médiane est généralement inférieure à 20µm et le dont grain maximal dépend de la distance du transport par un courant qui ne touche plus le fond.

III.   MINERALOGIE DES SEDIMENTS NON ARGILEUX

La détermination de la minéralogie globale des sédiments a été réalisée par diffraction aux rayons X, selon « la méthode de poudre ». Cette méthode consiste à irradier l'échantillon brut finement broyé dans l'espace angulaire compris entre 2 et 52° en utilisant la radiation Kα du cuivre.

Les minéraux sont reconnus par la suite sur le diffractogramme grâce à leurs raies caractéristiques.

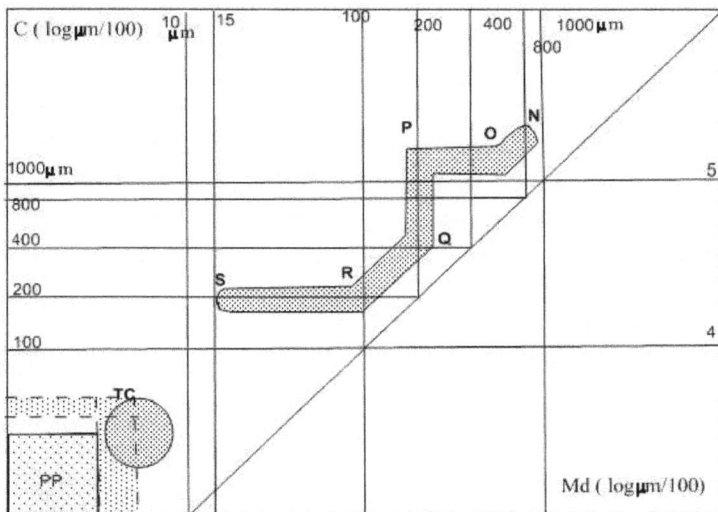

Figure 26. Diagramme de Passega (Passega, 1957)

- **Suspension uniforme, faciès hyperbolique (SR) ;**
- **Suspension gradée, faciès granulométrique « logarithmique » ou « hyperbolique » (RQ) ;**
- **Saltation (QP) ;**
- **Traction par charriage (PO) ;**
- **Transport par roulement (ON) ;**
- **Suspension pélagique (T) ;**
- **Talus continental (TC) ;**
- **Pélagique profond (PP).**

IV.   CORRECTION DES PHOTOGRAPHIES AERIENNES

Les photographies aériennes sont à l'heure actuelle les documents qui restituent au mieux la dynamique d'une côte à une période donnée (Crowell et *al*, 1993).

IV.1.1.   Méthodes de traitement des photographies aériennes

Le traitement des photographies aériennes a été effectué à l'aide de techniques numériques de traitement d'images. Ces méthodes sont désormais régulièrement utilisées dans l'étude des variations de la ligne de rivage (Levoy, 1994, Suanez, 1997, Durant, 1999, Courtaud, 2000, Sabatier, 2001, Vanhee, 2002). Les démarches de cette méthode suivent les étapes établies par Thieller et Danforth, (1994, *in* Courtaud, 2000) :

1. Scannage et numérisation des cartes topographiques et des photographies aériennes
2. Géoréférencement et corrections géométriques des photos
3. mosaiquage des photos
4. digitalisation des photographies aériennes et superposition multi-temporelle des traits de côte.

IV.1.2.   Scannage et numérisation

L'ensemble des documents, photos aériennes et cartes topographiques, a été numérisé à l'aide d'un scanner A3, sous le logiciel *Photoshop*, avec une résolution de 300 *dpi* permettant d'obtenir, pour chaque document, une taille de pixel variant de 2 à 2,5 m.

IV.1.3.   Géoréférencement et corrections géométriques

Les photographies aériennes représentent, en général, des distorsions qui peuvent avoir plusieurs causes : des changements d'altitude de l'avion, qui sont à l'origine de variations d'échelle d'une photo à l'autre, les variations des reliefs entraînant une distorsion radiale et l'inclinaison de l'axe optique par rapport à la surface terrestre.

Le géoréférencement a été effectué sous le logiciel ArcMap GIS 9.0, en utilisant les cartes topographiques de Tabarka et de Nefza à l'échelle de 1/25000 comme document de référence servant à la correction des photographies aériennes de deux missions, celles de 1963 et de 1989.

Le géoréférencement nécessite de suivre les étapes suivantes :
Il faut d'abord repérer des points invariables (croisements de routes, stades sportifs, monuments historiques, limites agricoles sur les plaines côtières matérialisées par des murs mitoyens, bâtiments religieux anciens, digues portuaires, etc....) communs à chaque photographie aérienne et à la carte de référence.
Chaque point de calage est associé à deux paires de coordonnés :
- Des coordonnées dans la photographie aérienne qui sont dites cordonnées fichiers (ligne, colonne) exprimées en pixels.
- Des coordonnées métriques (X_i, Y_i), attachées au système de projection.
Le passage entre le système de coordonnées de la photo et le système de coordonnées de la carte se fait selon une loi polynomiale. Sa précision dépend de deux facteurs:

- la précision avec laquelle sont déterminés les points de contrôle (échelle du document de référence).
- la répartition spatiale et le nombre des points de contrôle. Un grand nombre de points de calage, répartis de manière homogène de part et d'autre du littoral est nécessaire. Mais malheureusement, en photo-interprétation littorale, cet objectif est souvent difficile à atteindre.
C'est par cette transformation polynomiale que le logiciel calcule, à partir de la différence entre les coordonnées de référence et les coordonnées calculées, l'erreur quadratique moyenne R.M.S (Root Mean Square error) .
Sur chaque photo aérienne couvrant le littoral de Tabarka-Bercoukech, on a choisi 6 à 8 point de contrôle, qui correspondent aux intersections des routes, limites des parcelles et des constructions et les limites des digues portuaires). Ces points servent à résoudre le modèle géométrique d'équation de 2 [ème] degré et à avoir un R.M.S de l'ordre de 0,75m.

IV.1.4.   Mosaiquage

Les photos aériennes corrigées de chaque misions ont été assemblées et superposées entre elles. Par la comande mosaic, on a obtenu, pour chaque mission une mosaïque des photos (Figure 27)

IV.1.5.   Digitalisation et superposition des lignes de rivage

A partir des mosaïques obtenues, on a digitalisé les lignes des côtes de trois missions (1963, 1989 et 2001) et on les a superposées deux à deux pour suivre leur évolution en fonction du temps.

L'analyse de l'évolution du trait de côte a été faite à l'aide de l'extension, DSAS (*Digital Shoreline Analysis System*) de l'ARCVIEW, conçue par Thieler et *al.* (2005). Une ligne de référence virtuelle a été dessinée à terre parallèlement aux lignes de rivage afin de servir de base pour la création des transects perpendiculaires équidistants de 50 m le long du littoral (Figure 28). Sur ces transects, la variation moyenne, positive ou négative de la ligne de rivage est automatiquement calculée par le module DSAS.

Figure 27. Mosaiquage des photographies aériennes couvrant l'ensemble du secteur d'étude.

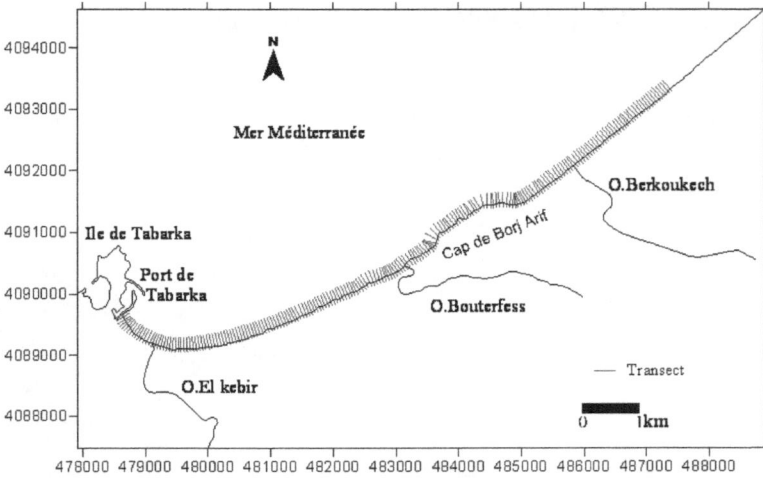

Figure 28. Création des transects par DSAS

57

CHAPITRE III.
ETUDE SEDIMENTOLOGIQUE ET
ENVIRONNEMENT DE DEPÔT

I.   INTRODUCTION

L'étude granulométrique des sédiments de la frange côtière Tabarka-Berkoukech a pour objectifs :

- d'identifier l'origine de ces sédiments, le mécanisme et l'intensité de leur transport (Liu et Zarillo, 1989) et les conditions de leur dépôt (Folk et Ward, 1957 ; Mason et Folk, 1958).

- de déterminer les facteurs et les phénomènes naturels et anthropiques qui interviennent dans la dynamique sédimentaire.

Pour atteindre ces objectifs, quatre campagnes de prélèvements d'échantillons de sédiments superficiels de la plage aérienne (dune, haut de plage et bas de plage) et de la plage sous-marine (à -2m, à -5m et à -7m de profondeur) du littoral Tabarka-Berkoukech ont été effectuées en avril et en août des années 2006 et 2007 (Figure 29). Le prélèvement des sédiments des petits fonds a concerné 8 radiales encadrant l'ensemble de la zone d'étude (Figure 29). Les sédiments prélevés ont fait l'objet d'analyses granulométriques et minéralogiques.

II.   SUBDIVISION DU SECTEUR D'ETUDE

La frange littorale de Tabarka –Berkoukech, présente une morphologie assez variée et un tracé irrégulier. Elle peut être subdivisée, en fonction de l'orientation du trait de côte, de la morphologie et de la topographie sous-marine, en quatre zones, en allant de l'Ouest vers l'Est du secteur d'étude (Figure 30).

II.1. La zone 1

Elle s'étend sur un linéaire de 2.8 km, du port de Tabarka jusqu'à la fin de la plage d'El Morjene (Figure 31). Le rivage de cette zone est caractérisé par des plages sableuses épaisses, d'une largeur variant entre 25m, dans la partie ouest (plage d'el corniche située à l'Ouest de l'embouchure de l'oued El Kebir), et 120 m dans la partie est (la plage d'El Morjene).

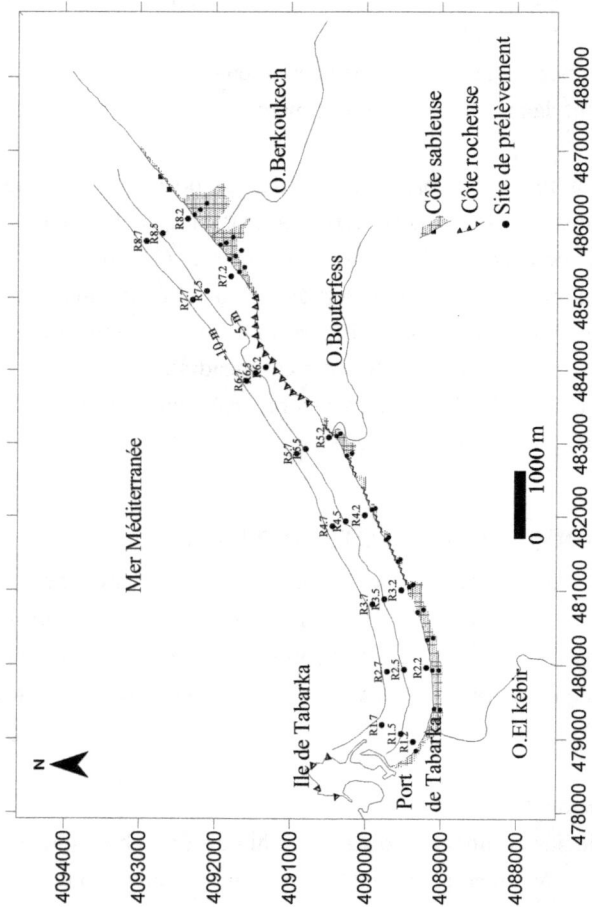

Figure 29. Carte de localisation des sites de prélèvements des sédiments superficiels dans le secteur d'étude.

60

Elle est soumise à une pression croissante, suite au développement de l'activité touristique et balnéaire. En effet, de grandes superficies ont été amputées aux dunes bordières (Oueslati, 2004), pour céder la place à des zones bâties (construction d'hôtels, résidences secondaires, routes et différents espaces récréatifs).

II.2. La zone 2

Elle s'étend sur un linéaire de côte de 3 Km, à partir de la limite de la zone précédente. Le long de cette zone, on note une succession de petites baies sableuses et de pointements rocheux constitués par des grés du flysch numidien d'âge oligo-miocène (Figure 32). L'arrière pays est bordé par des reliefs plus ou moins importants, avec des altitudes qui ne dépassent pas 700 m, où prend naissance l'oued Bouterfess. Plusieurs espaces sont aménagés en terrains de golf situés à 30 m du trait de côte. Les plages sont de type « pocket beach », logées au fond de criques bordées par des falaises vives et des caps rocheux (Oueslati, 2004). Le bas de plage est très réduit, avec en certains endroits, la présence d'un platier rocheux. Au droit de l'embouchure de l'oued Bouterfess, la plage occupe une position bien abritée par des falaises taillées dans des grés du Quaternaire ou du Tertiaire.

II.3. La zone 3

Cette zone, qui s'étend sur 1,5 km et correspond au cap gréseux de Borj Abdellah Ben Arif (grés du flysch numidien), qui est avancé en mer jusqu'à la profondeur -2m.

II.4. La zone 4

Elle s'étend sur un linéaire de côte de 1,5 km, entre le cap gréseux de Borj Abdellah Ben Arif et l'embouchure de l'oued Berkoukech (Figure 33). Elle correspond à la plage de Berkoukech, qui est non aménagé et dont la morphologie est dominée par un estran sableux assez large (environ 160m) et plus ouvert sur la mer. Ce dernier est relayé par un champ dunaire bien développé et plus ou moins étendu, avec des dunes qui peuvent atteindre 12 m de hauteur

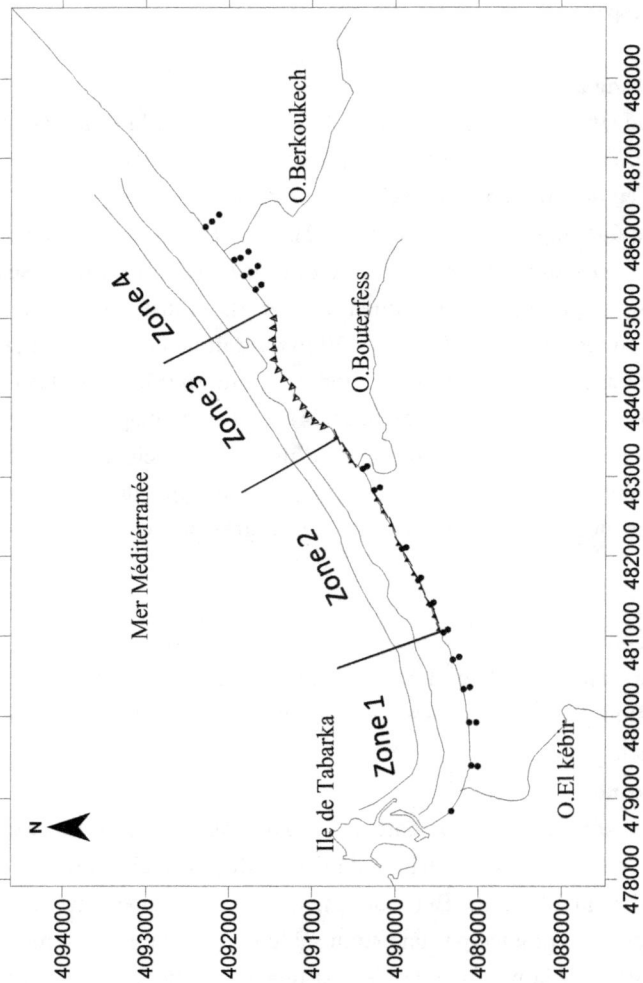

Figure 30. Carte de zonation de la frange littorale de Tabarka-

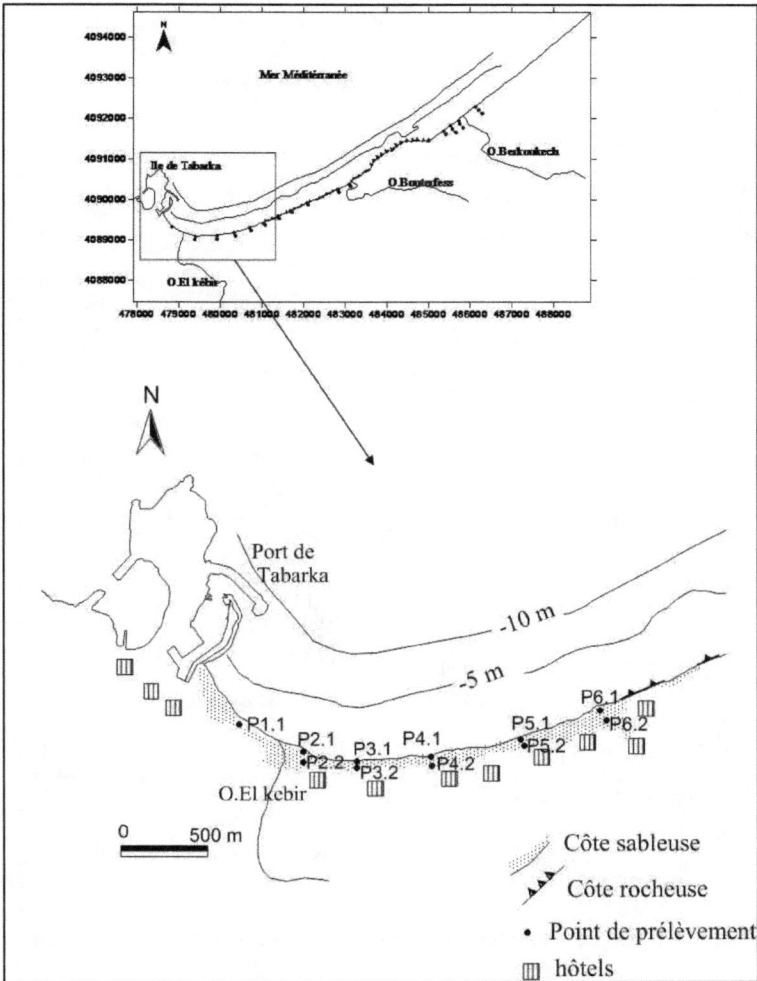

Figure 31. Carte de localisation des sites d'échantillonnage dans la zone 1.

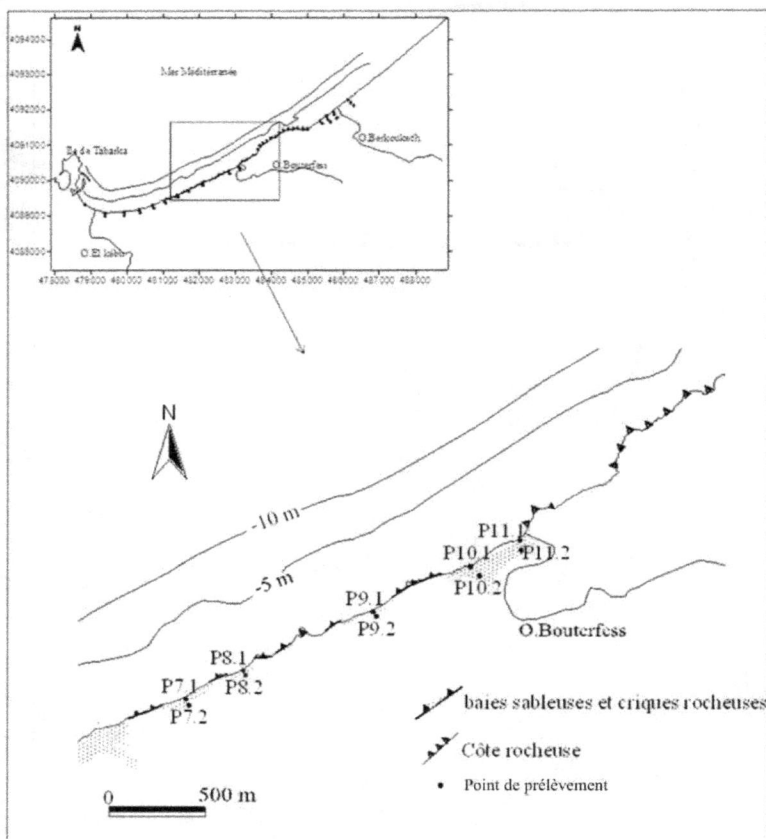

Figure 32. Carte de localisation des sites d'échantillonnage dans la zone 2.

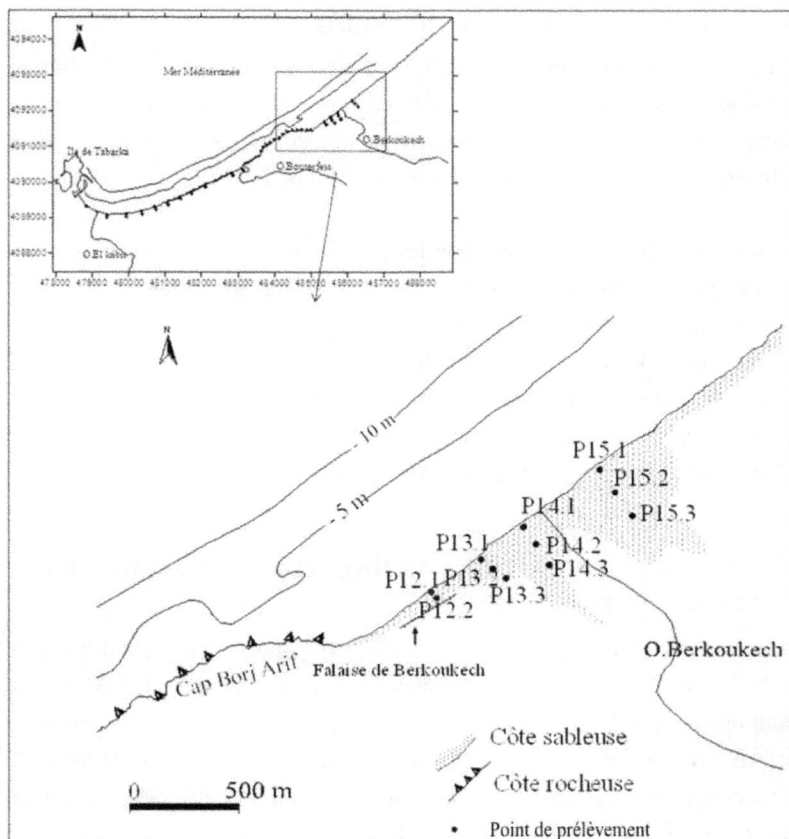

Figure 33. Carte de localisation des sites d'échantillonnage dans la zone 4.

III.   REPARTITION DES FACIES SEDIMENTAIRES

L'analyse granulométrique des sédiments de surface prélevés a permis de déterminer les pourcentages de la fraction grossière, représentée par les grains ayant un diamètre supérieur à 63µm, et de la fraction fine, représentée par les particules de diamètre inférieur à 63µm.

Les résultats obtenus montrent que les sédiments de la plage aérienne sont formés essentiellement par une fraction grossière, avec des taux variant entre 99,70 % et 99,99% (Tableau 1).
Les sédiments de surface des petits fonds présentent un faciès sableux, avec un taux de la fraction grossière compris entre 95,07 et 99,99 % (Tableau 2)
Le pourcentage le plus important de la fraction fine caractérise les sédiments de la zone située sous le vent du port de Tabarka.

IV.   GRANULOMETRIE DE LA FRACTION GROSSIERE DES SEDIMENTS SUPERFICIELS

Afin de déterminer l'origine, le mode de transport et les conditions de dépôt des sédiments de surface prélevés, nous avons procédé à l'analyse granulométrique de la fraction grossière de ces sédiments. Les résultats obtenus ont permis d'établir des courbes cumulatives et des courbes de fréquence et de calculer quelques indices granulométriques (moyenne, écart-type et skewness).

IV.1. Les sables de la plage aérienne

Les sables de la plage aérienne ont été prélevés le long de 15 profils, entre le port de Tabarka et l'embouchure de l'oued Berkoukech. Ces prélèvements ont concerné la dune, le haut de plage et le bas de plage, soit au total 132 échantillons.
Les résultats du calcul des indices granulométriques des sédiments prélevés sont donnés dans le Tableau 3 et le Tableau 4

Tableau 1 . Pourcentages des fractions fines et grossières des sédiments de surface de la plage aérienne du littoral Tabarka-Berkoukech, prélevés en 2006 et en 2007.

Zones	Stations	2006				2007			
		Fraction fine		Fraction grossière		Fraction fine		Fraction grossière	
		Avril	Août	Avril	Août	Avril	Août	Avril	Août
Zone 1	P1.1	0.20	0.02	99.80	99.98	0.11	99.95	99.89	0.05
	P2.1	0.01	0.01	99.99	99.99	0.01	99.99	99.99	0.01
	P3.1	0.04	0.01	99.96	99.99	0.01	99.99	99.99	0.01
	P4.1	0.01	0.01	99.99	99.99	0.01	99.99	99.99	0.01
	P5.1	0.01	0.01	99.99	99.99	0.01	99.99	99.99	0.01
	P6.1	0.01	0.01	99.99	99.99	0.01	99.99	99.99	0.01
	P2.2	0.01	0.01	99.99	99.99	0.01	99.99	99.99	0.01
	P3.2	0.01	0.01	99.99	99.99	0.01	99.99	99.99	0.01
	P4.2	0.01	0.01	99.99	99.99	0.01	99.99	99.99	0.01
	P5.2	0.01	0.01	99.99	99.99	0.01	99.99	99.99	0.01
	P6.2	0.01	0.01	99.99	99.99	0.03	99.99	99.97	0.01
Zone 2	P7.1	0.01	0.01	99.99	99.99	0.01	99.99	99.99	0.01
	P8.1	0.02	0.01	99.98	99.99	0.01	99.99	99.99	0.01
	P9.1	0.01	0.01	99.99	99.99	0.01	99.99	99.99	0.01
	P10.1	0.01	0.02	99.99	99.98	0.01	99.98	99.99	0.02
	P11.1	0.01	0.01	99.99	99.99	0.01	99.99	99.99	0.01
	P7.2	0.01	0.01	99.99	99.99	0.01	99.99	99.99	0.01
	P8.2	0.01	0.01	99.99	99.99	0.01	99.99	99.99	0.01
	P9.2	0.01	0.01	99.99	99.99	0.01	99.99	99.99	0.01
	P10.2	0.01	0.01	99.99	99.99	0.01	99.99	99.99	0.01
	P11.2	0.01	0.01	99.99	99.99	0.01	99.99	99.99	0.01
Zone 4	P12.1	0.01	0.01	99.99	99.99	0.01	99.99	99.99	0.01
	P13.1	0.01	0.01	99.99	99.99	0.01	99.99	99.99	0.01
	P14.1	0.01	0.01	99.99	99.99	0.01	99.99	99.99	0.01
	P15.1	0.01	0.01	99.99	99.99	0.02	99.99	99.98	0.01
	P12.2	0.01	0.01	99.99	99.99	0.01	99.99	99.99	0.01
	P13.2	0.01	0.01	99.99	99.99	0.01	99.99	99.99	0.01
	P14.2	0.01	0.01	99.99	99.99	0.01	99.99	99.99	0.01
	P15.2	0.01	0.01	99.99	99.99	0.02	99.99	99.98	0.01
	P13.3	0.01	0.01	99.99	99.99	0.01	99.99	99.99	0.01
	P14.3	0.10	0.01	99.90	99.99	0.01	99.99	99.99	0.01
	P15.3	0.04	0.02	99.96	99.98	0.11	99.99	99.89	0.01

Tableau 2.Pourcentages des fractions fines et grossières des sédiments de surface des petits fonds de Tabarka-Berkoukech, prélevés en 2006 et en 2007.

Profondeur	Radiales	2006				2007			
		Fraction fine		Fraction grossière		Fraction fine		Fraction grossière	
		Avril	Août	Avril	Août	Avril	Août	Avril	Août
-2m de profondeur	R1.2	0.14	0.04	99.86	99.96	1.85	0.86	98.15	99.14
	R2.2	0.01	0.01	99.99	99.99	0.11	0.02	99.9	99.98
	R3.2	0.01	0.09	99.99	99.91	0.03	0.02	99.97	99.98
	R4.2	0.01	0.01	99.99	99.99	0.01	0.05	99.99	99.95
	R5.2	0.01	0.08	99.99	99.92	0.16	0.1	99.84	99.9
	R6.2	0.02	0.01	99.98	99.99	0.02	0.2	99.98	99.8
	R7.2	0.02	0.01	99.98	99.99	0.01	0.01	99.99	99.99
	R8.2	0.01	0.01	99.99	99.99	0.04	0.01	99.96	99.99
-5m de profondeur	R1.5	0.03	0.1	99.97	99.9	1.75	0.05	98.25	99.95
	R2.5	0.01	0.01	99.99	99.99	0.02	0.05	99.98	99.95
	R3.5	0.03	0.02	99.97	99.98	0.09	0.53	99.91	99.47
	R4.5	0.03	0.07	99.97	99.93	0.03	0.05	99.97	99.97
	R5.5	0.01	0.02	99.99	99.98	0.01	0.01	99.99	99.99
	R6.5	0.02	0.01	99.98	99.99	0.56	0.05	99.44	99.95
	R7.5	0.02	0.01	99.98	99.99	0.01	0.01	99.9	99.99
	R8.5	0.01	0.01	99.99	99.99	0.02	0.01	99.98	99.99
-7m de profondeur	R1.7	1.34	1.37	98.66	98.63	4.55	1.15	95.45	98.85
	R2.7	0.01	0.02	99.99	99.98	0.06	0.05	99.94	99.95
	R3.7	0.01	0.04	99.9	99.96	0.22	2.97	99.78	97.03
	R4.7	0.1	0.15	99.9	99.85	0.03	0.05	99.97	99.95
	R5.7	0.01	0.06	99.99	99.94	0.1	0.31	99.9	99.69
	R6.7	0.02	0.15	99.98	99.85	0.31	0.1	99.69	99.9
	R7.7	0.06	0.01	99.94	99.99	0.01	0.01	99.99	99.99
	R8.7	0.02	0.01	99.98	99.99	0.01	0.01	99.99	99.99

IV.1.1.Courbes de fréquences et courbes cumulatives

IV.1.1.1. Zone 1

Les sédiments prélevés dans la zone1, en 2006, pendant les deux saisons hivernale et estivale, sont caractérisés par des courbes de fréquences unimodales, avec un mode dominant 2 phi. Ce qui indique que les sables dans cette zone ont la même origine.

Les courbes cumulatives de ces sédiments ont, généralement, la forme d'un S bien régulier et bien redressé (Annexe1 : Figure 74 et Figure 75). Ceci témoigne d'un stock sableux homogène et bien classé, avec un meilleur classement pendant la saison hivernale.

En 2007, année pendant la quelle la fréquence des tempêtes est plus importante, les sédiments prélevés sont caractérisés par des courbes de fréquences unimodales plus étalées qu'en 2006, avec un mode mal défini qui indique que les sables sont déposés après un faible transport et qui ne sont pas encore triés. Les courbes cumulatives sont très élancées indiquant des sables à classement moins bon et un milieu plus agité que celui de l'année 2006. Ces courbes sont caractéristiques d'un facies parabolique qui indique que les sédiments sont déposés par excès de charge (Annexe1 : Figure 76 et Figure 77).

IV.1.1.2. Zone 2

Les courbes de fréquences des sédiments prélevés dans la zone 2, pendant l'année 2006, sont unimodales, avec un mode principal de 1,4 phi, pour la plupart des échantillons (Annexe1 : Figure 78 et Figure 79). Ces sédiments ont des courbes cumulatives à faciès parabolique qui confirment la prédominance de la fraction grossière. Ce faciès caractérise un dépôt par excès ou par chute brusque d'énergie.

En 2007, ces sédiments sont caractérisés, dans l'ensemble, par des courbes de fréquences unimodales, mais parfois elles sont bimodales, en face de l'embouchure de l'oued Bouterfess (Annexe 1 : Figure 80 et Figure 81).

Tableau 3. Indices granulométriques (unité Φ) des sédiments de surface de la plage aérienne du littoral Tabarka-Berkoukech, prélevés en 2006.

Zones	Profils	Mz		Ə		Ski	
		Avril	Août	Avril	Août	Avril	Août
Zone 1	P1.1	2,21	2,23	0,47	0,46	0,05	0,01
	P2.1	1,65	1,55	0,42	0,43	-0,01	0,03
	P3.1	1,56	1,73	0,45	0,49	-0,09	-0,09
	P4.1	1,60	1,52	0,37	0,43	-0,04	-0,12
	P5.1	1,19	0,90	0,43	0,51	0,04	-0,13
	P6.1	1,00	0,87	0,43	0,46	-0,12	-0,06
	P2.2	1,69	1,64	0,40	0,41	0,01	0,02
	P3.2	1,64	1,72	0,37	0,40	-0,02	0,02
	P4.2	1,60	1,55	0,40	0,42	-0,01	0,00
	P5.2	1,39	1,29	0,40	0,48	0,13	0,10
	P6.2	1,10	1,26	0,46	0,47	-0,01	0,06
Zone 2	P7.1	1,07	0,89	0,38	0,37	-0,05	0,06
	P8.1	0,99	0,65	0,34	0,32	-0,13	0,46
	P9.1	1,05	0,51	0,38	0,33	-0,04	0,12
	P10.1	0,92	0,47	0,46	0,42	-0,02	0,54
	P11.1	0,97	1,07	0,47	0,44	-0,08	-0,11
	P7.2	1,14	1,01	0,44	0,43	-0,01	0,04
	P8.2	1,07	0,98	0,34	0,33	-0,03	-0,06
	P9.2	1,38	1,05	0,38	0,37	0,17	0,01
	P10.2	1,11	1,00	0,43	0,41	0,00	0,14
	P11.2	1,28	1,26	0,46	0,56	0,04	-0,11
Zone 4	P12.1	1,76	1,19	0,44	0,63	-0,02	0,09
	P13.1	1,66	1,29	0,45	0,59	-0,01	0,07
	P14.1	1,48	1,42	0,47	0,61	-0,02	0,00
	P15.1	1,60	1,54	0,49	0,47	0,03	-0,05
	P12.2	1,69	1,74	0,49	0,47	-0,02	-0,04
	P13.2	1,45	1,69	0,56	0,47	0,02	-0,02
	P14.2	1,46	1,76	0,63	0,46	-0,01	-0,04
	P15.2	1,49	1,72	0,59	0,45	0,04	0,02
	P13.3	1,95	2,04	0,40	0,48	-0,24	-0,21
	P14.3	1,83	1,82	0,47	0,48	-0,13	-0,14
	P15.3	1,87	1,88	0,43	0,43	-0,10	-0,16

Tableau 4. Indices granulométriques (unité Φ) des sédiments de surface de la plage aérienne du littoral Tabarka-Berkoukech, prélevés en 2007

Zones	Profils	Mz		Ə		Ski	
		Avril	Août	Avril	Août	Avril	Août
Zone 1	P1.1	2,07	1,95	0,78	0,62	-0,11	-0,17
	P2.1	1,54	1,06	0,44	0,65	0,09	0,01
	P3.1	1,57	1,23	0,44	0,49	-0,11	-0,02
	P4.1	1,29	1,13	0,43	0,56	0,06	0,11
	P5.1	1,12	1,08	0,39	0,33	-0,08	-0,10
	P6.1	0,91	0,92	0,49	0,45	-0,03	-0,08
	P2.2	1,52	1,43	0,55	0,56	-0,09	0,04
	P3.2	1,59	1,30	0,37	0,45	-0,01	0,03
	P4.2	1,54	1,69	0,42	0,42	0,01	0,01
	P5.2	1,41	1,31	0,47	0,49	0,12	0,14
	P6.2	1,45	1,46	0,42	0,35	0,14	0,00
Zone 2	P7.1	1,01	1,41	0,43	0,40	-0,02	0,04
	P8.1	1,29	0,63	0,32	0,60	0,20	0,56
	P9.1	1,22	0,69	0,63	0,37	-0,04	0,01
	P10.1	0,72	0,39	0,49	0,31	0,22	0,37
	P11.1	1,03	0,94	0,40	0,56	0,06	-0,22
	P7.2	0,93	1,34	0,35	0,43	0,07	0,12
	P8.2	1,29	1,28	0,40	0,47	0,18	0,15
	P9.2	1,34	0,77	0,37	0,43	0,22	-0,01
	P10.2	1,08	1,07	0,43	0,40	0,03	-0,08
	P11.2	1,31	1,28	0,43	0,41	0,11	0,12
Zone 4	P12.1	1,96	0,85	0,45	0,57	-0,25	0,23
	P13.1	1,30	1,39	0,48	0,56	0,11	-0,06
	P14.1	1,57	0,98	0,52	0,58	-0,02	0,13
	P15.1	1,58	1,23	0,42	0,44	-0,05	0,05
	P12.2	2,17	1,93	0,33	0,36	-0,10	-0,04
	P13.2	1,92	1,74	0,37	0,44	-0,08	-0,02
	P14.2	1,62	1,20	0,52	0,56	-0,01	0,06
	P15.2	1,59	1,29	0,49	0,51	0,00	0,10
	P13.3	1,91	1,91	0,38	0,41	-0,07	-0,18
	P14.3	1,43	1,70	0,55	0,46	0,08	0,00
	P15.3	1,57	1,83	0,52	0,42	-0,01	-0,01

La bimodalité des courbes de fréquence caractérise les sédiments prélevés pendant la saison estivale. Elles indiquent des fluctuations d'énergie et/ou un mélange de deux types de sédiments.

IV.1.1.3.   Zone 4

Les sédiments prélevés dans la zone 4, en 2006, sont caractérisés par des courbes de fréquences unimodales, avec un mode principal de 2 phi, à l'exception de quelques échantillons (Annexe 1 : Figure 82 et Figure 83). Ces courbes sont plus étalées, pendant la saison estivale et sont caractérisées par des modes mal définis qui indiquent un mauvais classement. Ces sédiments ont des courbes cumulatives à faciès paraboliques indiquant que les matériaux de la plage sont déposés par excès de charge dans un milieu de forte énergie.

Les courbes de fréquence et cumulatives des sédiments prélevés en 2007 (Annexe 1 : Figure 84 et Figure 85) ne montrent pas de différences significatives avec celles des sables échantillonnés en 2006.

IV.1.2. Les paramètres granulométriques

IV.1.2.1. La moyenne

Les répartitions spatiales des valeurs de la moyenne des sédiments, prélevés du bas de plage, du haut de plage et de la dune, en fonction de la distance le long de la côte d'ouest en est , pour les quatre campagnes d'échantillonnage, sont présentées dans la Figure 34.

-       **Zone 1**

Dans la zone 1, la valeur de la moyenne des sédiments prélevés en 2006, varie entre 1,00 et 2, 21 phi, pendant le mois d'avril et de 0,87 à 2,23 phi, pendant le mois d'août. Ce qui indique que ces sédiments sont fins à grossiers, mais avec la prédominance des sédiments moyens.

La valeur de cet indice diminue du haut de plage vers le bas de plage et de l'ouest vers l'est, aussi bien en hiver qu'en été (Figure 34).

Les sédiments échantillonnés en 2007 sont caractérisés par des moyennes comprises entre 0,91et 2,07 phi, pendant le mois d'avril, et de 0,92 à1, 95 phi, pendant le mois d'août, indiquant très peu de variation par rapport à l'année précédente, soit la même répartition des classes granulométriques.

La variation du diamètre moyen des grains reflète une variation de l'état énergétique de la côte, qui dépend essentiellement de l'orientation du trait de côte et de l'angle d'incidence la houle. En effet, les sédiments les plus fins se trouvent plutôt dans la zone sous le vent du port de Tabarka, alors que les sédiments les plus grossiers sont prélevés dans la plage El Morjene, à l'extrémité est de la zone1.

- **Zone 2**

Dans la zone 2, les sédiments prélevés en 2006, ont une moyenne comprise entre 0, 82 et 1,38 phi, pour la campagne d'avril, et de 0,47 à 1 ,26 phi, pour la campagne d'août, indiquant des sables moyens à grossiers, mais avec la prédominance des sables grossiers. La présence de ces sables majoritairement grossiers indique que les courants dans cette zone assurent un vannage des particules fines et ne permettent que les dépôts de sables plus ou moins grossiers.

L'évolution longitudinale de la moyenne des sédiments (Figure 34), ne présente aucune tendance évolutive durant les deux saisons. Ceci serait probablement du, d'une part, à l'action des courants sagittaux qui sont dominants au niveau de cette zone par rapport à la dérive littorale, à la nature de sédiments apportés par l'oued Bouterfess, ainsi par l'érosion des falaises.
La variation transversale de cet indice révèle un affinement du sédiment du haut de plage par rapport à celui de bas de plage.

Durant les campagnes de 2007, les sédiments ont un diamètre des grains qui varie entre 0, 72 et 1,34 phi, en avril, et de 0,39 à 1 ,41 phi, en août, caractérisant des sables grossiers à moyens.

L'évolution longitudinale de la moyenne des sédiments ne montre pas une tendance évolutive nette durant les deux saisons. Sa variation transversale montre une tendance similaire à celle enregistrée en 2006.

- **Zone 4**

Les sables prélevés, en 2006, dans la zone 4, ont une moyenne comprise entre 1,45 phi et 1,95 phi, en avril, et de 1,19 à 2,04 phi, en août. Il s'agit des sables constitués essentiellement d'éléments moyens.

Les valeurs de cet indice indiquent un net affinement du sédiment pendant le mois d'août (Figure 34). Cet affinement serait lié à un faible hydrodynamisme et/ou le résultat d'apport sédimentaire éolien significatif.

Durant les campagnes de 2007, les sédiments sont caractérisés par une moyenne granulométrique comprise entre 1,30 phi et 2,17 phi, en avril, entre 0,85 phi et 1,93 phi en août.

L'évolution longitudinale de la moyenne révèle une variation différente de celle enregistrée en 2006. En effet un écart de variation plus important et irrégulier est enregistré d'une station à l'autre.

L'évolution transversale de la moyenne, et en considérant les quatre campagnes d'échantillonnages, montre un affinement des sédiments, en allant du bas plage vers la dune, en particulier pendant le mois d'août.

IV.1.2.2. *L'écart-type*

Les variations des valeurs de l'écart -type des sables, prélevés du bas de plage, du haut de plage et de la dune, en fonction de la distance le long de la côte d'ouest en est, pour les quatre campagnes d'échantillonnage, sont présentées dans la Figure 35.

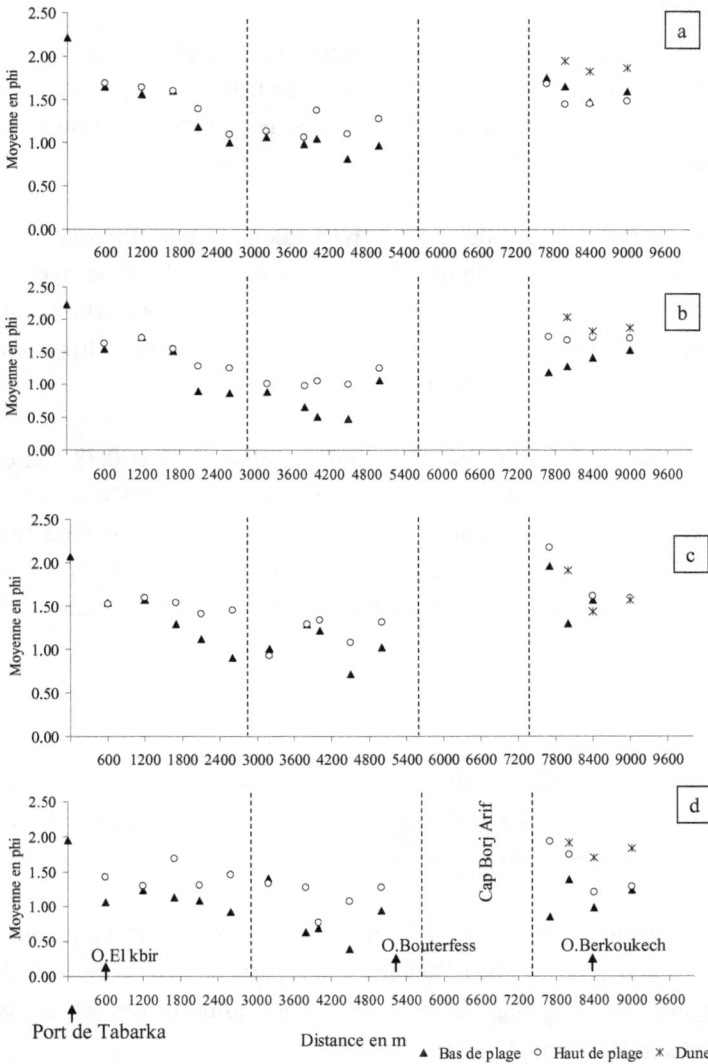

Figure 34. Variation de la moyenne des sédiments de la plage aérienne en
2006 et en 2007

(a : Avril 2006, b : Août 2006, c : Avril 2007, d : Août 2007)

75

- **Zone 1**

Les valeurs de l'écart- type des sédiments prélevés, en 2006, dans la zone 1, varient entre 0,37 et 0,47 phi, en avril, et de 0,40 à 0,51 phi, en août. Elles indiquent que les sables sont bien classés, et que l'agent de transport est régulier et uniforme le long de cette zone.

La variation transversale de l'écart type montre, par endroits, une détérioration du tri en allant du haut de plage vers le bas de plage, avec un meilleur classement pendant le mois d'avril. Ceci serait dû à l'action de la houle et de ses courants associés qui sont plus efficaces dans le triage des sédiments pendant la saison hivernale.

En 2007, l'indice de tri a des valeurs comprises entre 0, 37 et 0,78 phi, en avril, et de 0,33 à 0,65 phi, en août, caractérisant des sables très bien à modérément classés. Ces valeurs sont plus élevées que celles enregistrées en 2006, ce qui traduit une dégradation relative du classement des sédiments qui serait liée à une intensité plus élevée des courants de transport.

- **Zone 2**

Les sédiments prélevés, en 2006, dans la zone 2, sont caractérisés par un écart type variant de 0,34 à 0,47 phi, en avril, et de 0, 32 et 0,56 phi, en août. Ils sont donc très bien à modérément classés.

L'évolution spatiotemporelle de cet indice montre, en général un gradient croissant en allant vers l'oued Bouterfess, en particulier dans le haut de plage (Figure 35). Cette dégradation serait liée à l'influence des sables très mal triés apportés par l'oued Bouterfess.

En 2007, l'écart type varie entre 0, 31 et 0,63 phi, montrant un triage granulométrique similaire à celui enregistré en 2006.

La variation longitudinale de cet indice, montre une évolution complètement différente de celle enregistrée en 2006, aussi bien en avril qu'en août. En effet, on note un écart de variation très important et irrégulier d'une station à l'autre et du haut de plage vers le bas de plage.

Cette variation des valeurs de l'indice de tri s'explique dans le temps et dans l'espace, par la fluctuation de l'intensité de l'agent, en rapport avec la morphologie de petites baies sableuses et des criques rocheuses.

- **Zone 4**

L'écart-type des sédiments prélevés en 2006, dans cette zone a des valeurs comprises entre 0,40 et 0,63 phi, pendant la campagne hivernale, et de 0,43 à 0,61 phi, pendant la campagne estivale, indiquant des sables bien à modérément classés.

L'évolution longitudinale de cet indice, durant la saison hivernale, montre globalement une dégradation du tri en allant de l'Ouest vers l'Est, dans le haut de plage, alors qu'un bon classement est enregistré dans les sédiments du bas de plage. Au mois d'août, le classement s'améliore en allant vers l'est, avec un meilleur classement pour les sédiments du haut de plage (Figure 35). Ceci montre qu'en période hivernale, les sédiments mal triés sont repris et dispersés par les vagues et ses courants associés jusqu'au haut de plage.

En 2007, L'écart-type varie de 0,33 phi à 0,55 phi, en avril, et de 0,36 phi à 0,58 phi, en août. Ceci indique que les sables sont très bien classés à modérément classés, avec un meilleur classement dans le haut de plage.

La répartition spatiale de cet indice montre une évolution différente de celle enregistrée en 2006, avec un écart important du haut de plage vers le bas de plage et d'une station à l'autre. Cette distribution reflète un changement dans l'intensité de l'agent de transport et dans les conditions de dépôt des sédiments.

77

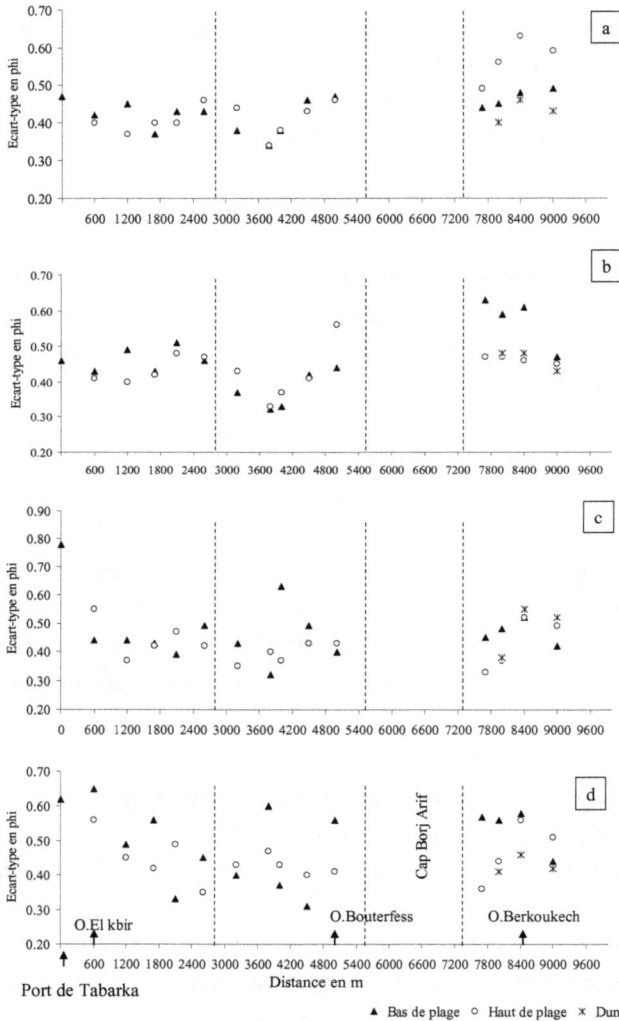

Figure 35. Variation de l'écart-type des sédiments de la plage aérienne en
2006 et en 2007.

a : Avril 2006, b : Août 2006 ; c : Avril 2007, et d : Août 2007

78

IV.1.2.3. *Le skewness*

- **Zone 1**

Dans la zone 1, le skewness des sédiments prélevés en 2006, varie de -0,12 à 0,13 phi, pendant le mois d'avril et de -0,13 à 0,10 phi, pendant le mois d'août. Ceci indique une distribution granulométrique presque symétrique à asymétrique vers les grossiers ou vers les fins.

L'évolution spatiale du skewness, et en considérant les deux campagnes d'échantillonnages (Figure 36), montre une diminution de la valeur de cet indice, en allant du haut de plage vers le bas de plage. L'enrichissement en particules grossières, dans les sédiments du bas de plage, serait lié aux phénomènes de vannage qui sont à l'origine de l'évacuation des particules fines vers le large, sous l'action de la houle et de ses courants associés.

Les valeurs de skewness enregistrées pendant la campagne de 2007 (Figure 36), sont comprises -0,11 et 0,14, pendant le mois d'avril et de -0,17 à 0,14 phi, pendant le mois d'août. Elles indiquent une distribution granulométrique similaire à celle enregistrée en 2006.
Le changement des valeurs skewness, entre le signe négatif et le signe positif, montre que les sables sont, souvent, en perpétuel mouvement et vannage vers le large et que l'addition des particules grossières et fines est variable d'une station à l'autre, suite à un changement dans l'énergie de l'agent du transport et les conditions de dépôt.

La prédominance d'un skewness positif pour les sédiments du haut de plage de la zone 1, témoigne que les particules fines ne peuvent pas être remobilisées ou transportées par les courants des houles, ceci est dû à la largeur relative de la plage supratidale qui permet une dissipation de l'énergie de la houle déferlante et à l'action sélective du vent favorisant le transport et le dépôt des particules fines provenant des dunes bordières.

- **Zone 2**

Le coefficient d'asymétrie des sédiments prélevés dans cette zone, est compris, entre -0, 13 et 0,17, pour la campagne d'avril 2006, et de -0,11 à 0,54, pour la campagne d'août 2006, ce qui indique des sédiments presque symétriques à asymétriques vers les fins.

L'évolution spatiale de cet indice en 2006, montre globalement une diminution de sa valeur en allant du haut de plage vers le bas de plage, en mois d'avril et une augmentation dans le même sens, en mois d'août. L'écart entre les valeurs est plus prononcé en août (Figure 36).
La différence et le changement de signe des valeurs du skewness entre les deux périodes pourraient être expliqués par un changement dans l'intensité et l'énergie des houles dominantes des secteurs NW et NE le long de cette zone, et par la quantité des particules fines ou grossières des sédiments apportés, par la dérive littorale venant de l'Ouest et par l'oued de Bouterfess

En 2007, les valeurs du skewness varient de -0,04 à 0,22, en avril et de -0,22 à 0,56, en août. Ceci indique des sables majoritairement à distribution granulométrique symétrique et asymétrique vers les fins.
En 2007, on enregistre la même évolution que celle observée en 2006, avec un skewness positif, dans la plupart du temps.
La prédominance des valeurs positives du skewness indique, d'une part, un excès des particules fines et d'autre part, un dépôt des sédiments dans un environnement à faible énergie.

- **Zone 4**

Les valeurs de l'indice d'asymétrie des sédiments prélevés en 2006, s'échelonnent de -0,24 à 0,02, au mois d'avril, et de -0,21 à 0,09, au mois d'août, indiquant des distributions granulométriques presque symétriques, à l'exception des sédiments des dunes bordières qui sont caractérisés par une asymétrie négative.

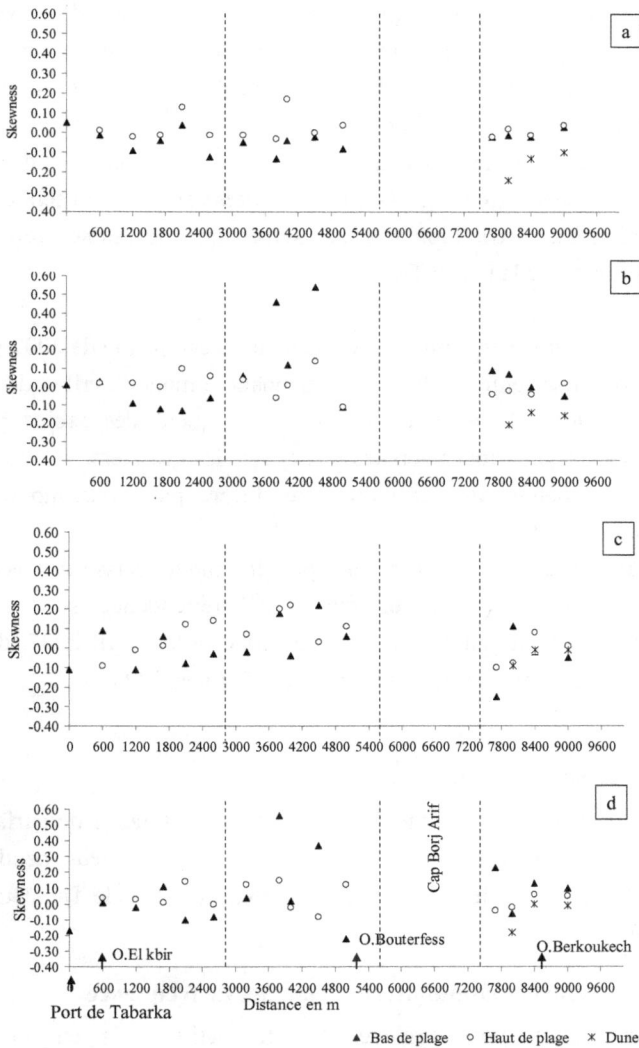

Figure 36. Variation du skweness des sédiments de la plage aérienne, en 2006 et en 2007. a : Avril 2006, b : Août 2006 ; c : Avril 2007, et d : Août 2007

81

Les valeurs du skewness dans cette zone sont peu variables d'une station à l'autre, par rapport à celles enregistrées dans les deux autres zones, mais avec la même évolution que celle enregistrée dans la zone 2, en allant du haut de plage vers le bas de plage.

La prédominance d'une symétrie autour de la moyenne indique des proportions égales entre les grosses et les petites particules au sein du stock sédimentaire. La distribution presque symétrique des sables reflète une certaine stabilité de la plage (Duane, 1964).

Les valeurs du skewness enregistrées pendant la campagne de 2007 (Figure 36) sont comprises entre -0,25 et 0,11, pendant le mois d'avril et de -0,18 à 0,23 phi, pendant le mois d'août. Elles indiquent des sables presque symétriques à asymétriques vers les fins et vers les grossiers.

La variation spatiale de cet indice, ne diffère pas beaucoup de celle enregistrée en 2006.

En général, le sédiment tend à devenir plus fin, mieux classé et d'asymétrie plus négative dans le sens de son transport. Cette tendance est observée au niveau de cette zone, aussi bien en avril 2006 qu'en avril 2007, d'où on peut en déduire un transport du sédiment de 'Est vers l'Ouest.

IV.2. Les sables des petits fonds

Les résultats des analyses granulométriques des sédiments de surface des petits fonds, prélevés à -2m, à -5m et –à 7m de profondeur, pendant les quatre campagnes d'échantillonnages sont présentés dans le Tableau 5 et le Tableau 6

IV.2.1.   Courbes cumulatives et courbes de fréquence

La plupart des sédiments prélevés dans les petits fonds, en 2006, sont caractérisés par des courbes de fréquences unimodales ou parfois bimodales, avec deux modes principaux de 2 et 2,47 phi, par des courbes cumulatives ayant la forme d'un S peu régulier et étalé et par un faciès parabolique, traduisant une hétérogénéité du stock granulométrique (Annexe 2 : Figure 86, Figure 87, Figure 88 et Figure 89).

Tableau 5. Indices granulométriques (unité Φ) des sédiments de surface des petits fonds du littoral Tabarka-Berkoukech, prélevés en 2006.

Profondeur	Radiales	Mz		Ə		Ski	
		Avril	Août	Avril	Août	Avril	Août
-2m de profondeur	R1.2	1.00	2.07	0.68	0.57	0.10	-0.09
	R2.2	1.62	1.74	0.56	0.53	0.03	-0.07
	R3.2	0.84	0.41	0.69	0.51	0.10	0.06
	R4.2	1.49	0.79	0.58	0.56	0.05	0.01
	R5.2	1,93	1.99	0.49	0.50	-0.30	-0.21
	R6.2	1.25	1.91	0.68	0.53	0.01	-0.29
	R7.2	1.58	1.97	0.63	0.53	-0.11	-0.31
	R8.2	1.24	1.89	0.71	0.54	0.03	-0.24
-5m de profondeur	R1.5	2.10	2.04	0.65	0.55	-0.04	-0.06
	R2.5	1.68	1.47	0.52	0.59	0.01	0.07
	R3.5	1.58	1.86	0.54	0.49	0.00	0.00
	R4.5	1.70	1.71	0.53	0.61	-0.05	-0.07
	R5.5	2.00	2.02	0.49	0.48	-0.27	-0.23
	R6.5	1.82	1.95	0.55	0.50	-0.31	-0.28
	R7.5	1.61	1.90	0.68	0.50	-0.21	-0.24
	R8.5	1.98	1.98	0.51	0.48	-0.43	-0.21
-7m de profondeur	R1.5	2.41	2.30	0.63	0.64	-0.02	-0.04
	R2.5	2.02	1.61	0.52	0.57	-0.10	0.01
	R3.5	1.68	1.75	0.45	0.43	0.02	-0.05
	R4.5	1.70	1.98	0.48	0.50	0.00	-0.09
	R5.5	2.03	2.12	0.49	0.42	-0.23	-0.12
	R6.5	2.03	2.03	0.50	0.50	-0.28	-0.24
	R7.5	2.01	1.99	0.48	0.49	-0.27	-0.22
	R8.5	2.01	1.96	0.46	0.47	-0.30	-0.29

Tableau 6. Indices granulométriques (unité Φ) des sédiments de surface des petits fonds du littoral Tabarka-Berkoukech, prélevés en 2007.

Profondeur	Radiales	Mz		Ә		Ski	
		Avril	Août	Avril	Août	Avril	Août
-2m de profondeur	R1.2	2.78	2.64	0.60	0.66	-0.07	-0.07
	R2.2	1.50	1.80	0.55	0.55	-0.02	0.01
	R3.2	1.72	1.99	0.62	0.51	-0.04	-0.12
	R4.2	1.62	1.93	0.55	0.54	-0.03	-0.07
	R5.2	1.60	1.77	0.60	0.57	-0.11	-0.02
	R6.2	1.75	2.07	0.59	0.61	-0.18	-0.10
	R7.2	1.61	1.76	0.58	0.55	-0.09	-0.11
	R8.2	1.32	1.80	0.65	0.51	0.03	-0.17
-5m de profondeur	R1.5	2.58	2.00	0.71	0.58	-0.16	-0.06
	R2.5	1.70	1.86	0.56	0.58	-0.07	-0.03
	R3.5	1.88	1.77	0.57	0.58	0.06	0.08
	R4.5	1.93	2.02	0.50	0.53	-0.05	-0.09
	R5.5	1.14	1.59	0.47	0.56	-0.07	0.01
	R6.5	2.15	2.09	0.64	0.51	-0.08	-0.19
	R7.5	1.97	1.76	0.45	0.43	-0.18	-0.10
	R8.5	1.81	1.94	0.45	0.51	-0.19	-0.17
-7m de profondeur	R1.5	2.34	2.31	0.76	0.72	0.08	-0.03
	R2.5	2.00	1.96	0.59	0.56	-0.07	-0.10
	R3.5	2.04	2.27	0.52	0.69	-0.06	0.07
	R4.5	2.01	2.02	0.49	0.50	-0.19	-0.10
	R5.5	2.02	2.18	0.49	0.47	-0.11	0.10
	R6.5	2.11	2.22	0.57	0.46	-0.18	0.04
	R7.5	2,04	2.01	0.43	0.49	-0.33	-0.13
	R8.5	2.07	2.02	0.48	0.50	-0.19	-0.22

Ce faciès correspond à des sédiments déposés par excès de charge et caractérise les sables triés au cours d'un transport dans un milieu à forte énergie. Ce faciès correspond à des sédiments déposés par excès de charge et caractérise les sables triés au cours d'un transport dans un milieu à forte énergie.

En 2007, le caractère unimodal est toujours majoritaire avec une distribution granulométrique analogue à celle enregistrée en 2006, mais avec un mode mal défini, essentiellement pour les sédiments prélevés au niveau de l'isobathe -2m et -5m (Annexe 2 : Figure 90, Figure 91, Figure 92 et Figure 93) indiquant que les sédiments sont déposés après un faible transport et qu'ils ne sont pas encore triés. Le classement de ces sédiments s'améliore en allant vers le large.

IV.2.2. Répartition spatio-temporelle des indices granulométriques

Les cartes de répartition spatio-temporelle de trois indices granulométriques, ont été établies par la méthode de krigéage, à l'aide de logiciel surfer 8.

IV.2.2.1. La moyenne

Les valeurs de la moyenne des sédiments de surface des petits fonds varient entre 0,84 et 2,41 phis (188 ,15µm à 558,64 µm), pour la campagne d'avril 2006, et de 0,41 à 2,30 phi (203,06 µm à 752,62 µm), pour la campagne d'août 2006. Elles indiquent des sédiments fins à grossiers, mais avec la prédominance des sables moyens.

La distribution spatiale de la moyenne, pour le mois d'avril 2006, montre que les sédiments prélevés à une profondeur inferieur à -2m sont, en majorité, des sables moyens à grossiers (Figure 37). Au delà de l'isobathe -2m, ces fonds sont tapissés essentiellement par des sables fins, à l'exception de la zone située en face des criques rocheuses et des baies sableuses.

La distribution de la fraction fine des sédiments superficiels serait liée à l'influence des houles dominantes de secteurs NW et NE et à la contribution des apports par l'oued El kébir, l'oued Bouterfess et l'oued Berkoukech.

En août 2006, les valeurs de la moyenne n'ont pas beaucoup varié, par rapport au mois d'avril 2006, avec, cependant, une accumulation des sables fins dans la zone sous le vent du port, et une légère extension spatiale de la zone de dépôt de ces sables dans la partie est du secteur. Cet enrichissement en particules fines pourrait être dû à des conditions hydrodynamiques moins énergétiques. On note aussi un dépôt plus important des sables grossiers en face des criques rocheuses et des baies sableuses.

En 2007, les sédiments des petits fonds sont caractérisés par des moyennes comprises entre 1,14 phi et 2,78 phi (145,5 µm à 453 ,7µm), pendant le mois d'avril et de 1,59 phi à 2,64 phi (160,7 µm à 322 ,17 µm), pendant le mois d'août.

L'analyse de la carte de répartition des valeurs de cet indice, aussi bien en avril qu'en août (Figure 38) montre, comme en 2006, un granoclassement décroissant de la côte vers le large, à l'exception de la zone sous le vent du port et la zone située en face de cap Borj Arif, qui sont tapissées exclusivement par des sables fins. En août 2007, le taux des sables fins augmente légèrement, par rapport à celui enregistré en avril 2007.

L'affinement des grains de la côte vers le large, dans le secteur d'étude est contrôlé par l'énergie induite par le déferlement de la houle qui trie les sédiments selon leur taille.

La principale modification de la répartition des fractions granulométriques observée entre 2006 et 2007, consiste à une augmentation du taux des sables fins d'une saison à l'autre et d'une année à l'autre.

L'extension de la fraction fine est plus marquée à l'Ouest qu'à l'Est, ceci est en accord avec les conditions hydrodynamique qui est plus faible à l'abri de port.

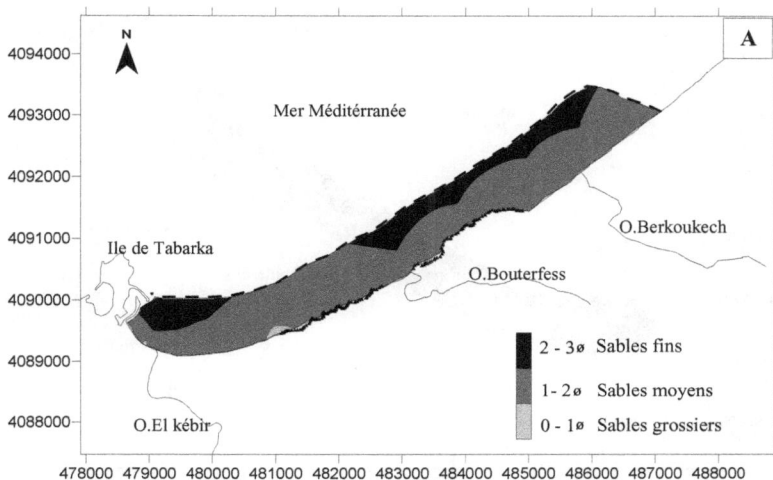

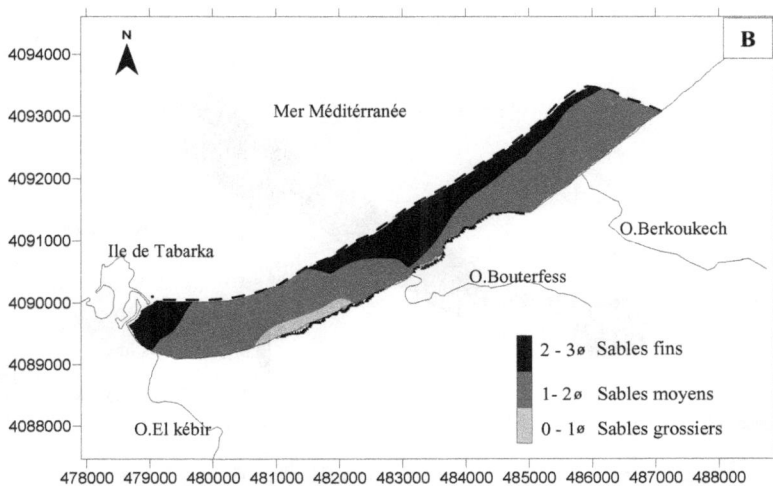

Figure 37. Cartes de répartition de la moyenne des sédiments superficiels dans les petits fonds de Tabraka-Berkoukech, pendant l'année de 2006.
A : Avril ; B : Août

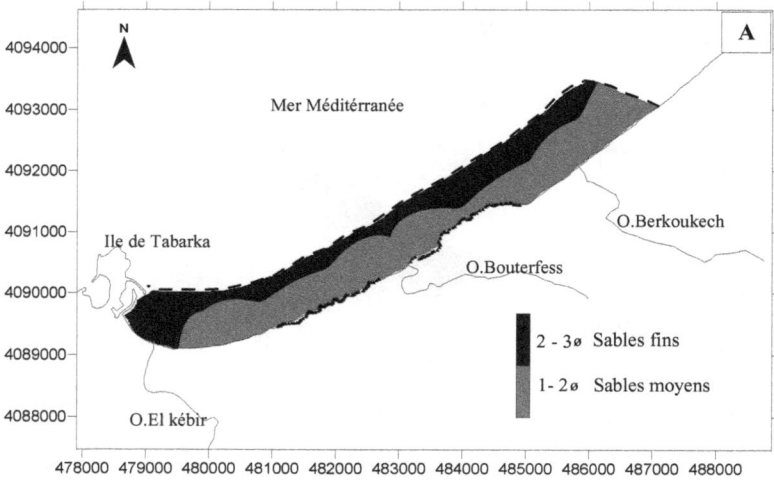

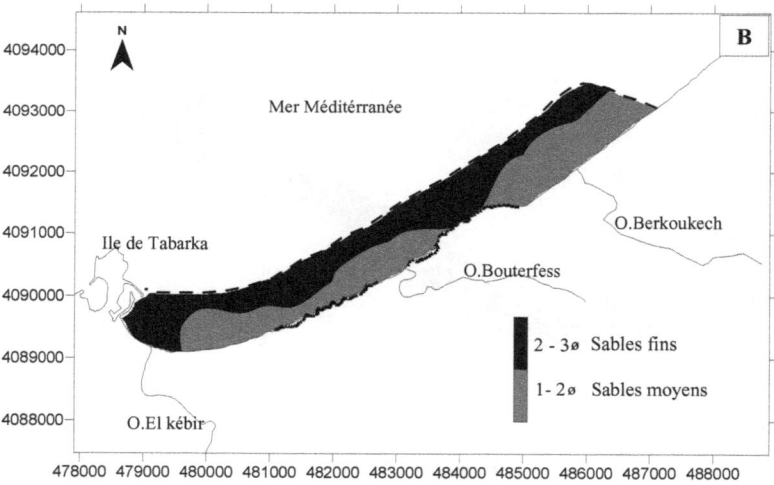

Figure 38. Cartes de répartition de la moyenne des sédiments superficiels
dans les petits fonds de Tabraka-Berkoukech., pendant l'année 2007
A : Avril ; B : Août

La tendance à des teneurs en particules fines plus élevées qu'en 2006, est presque généralisée dans le secteur d'étude. Ceci montre également que les particules les plus fines ont une dynamique spécifique, complexe, intense et probablement très fluctuante dans le temps.

La disparition de sables grossiers entre 2006 et 2007, ce qui peut traduire notamment un recouvrement de ces sédiments par des sables fins à moyens.

IV.2.2.2.   L'indice de classement (Ecart –type)

Les sédiments de surface des petits fonds du secteur d'étude sont caractérisés par un écart type variant entre 0,45 phi et 0,71 phi, pour la campagne d'Avril 2006, et de 0,42 phi à 0,64 phi, pour la campagne d'Août 2006. Les valeurs de l'écart type permettent de distinguer deux catégories de sables :

- des sables bien classés, localisés au-delà de l'isobathe -2m, entre la plage d'El Morjene et l'extrémité est du secteur d'étude, avec un pourcentage variant de 33.3 % (avril) à 45.5 % (août) des sédiments ;

- des sables modérément bien classés, caractérisant le reste du secteur d'étude, avec un pourcentage variant de 54.5 % (août) à 69.6 % (avril) des sédiments.

Les cartes de répartition spatiale de l'indice de classement des sédiments prélevés en 2006 (Figure 39) montrent, en général, une amélioration du tri vers le large. Les sédiments les mieux triés se trouvent au delà de l'isobathe -2m, alors que les sables déposés prés de la côte sont caractérisés par un tri médiocre, à l'exception de la zone 1, qui s'étend du port de Tabarka jusqu'à la fin de la plage d'El Morjene, où les sédiments sont fins et modérément classés.

La présence de sédiments fins et mal classés à l'abri de port de Tabarka, serait liée à la faible énergie des courants de houle dans cette zone, qui sont peu compétents ne transportent que les particules fines et de faible densité.

Les sédiments prélevés en 2007 sont caractérisés par un écart-type variant entre 0,43 et 0,77 phi (230,5 à 752,62 µm), pour la campagne d'Avril, et entre 0,43 et 0,74 phi (233,26 à 514,06 µm), pour la campagne d'Août (Tab.6).

Les valeurs de cet indice, permettent de distinguer trois catégories de sables :

- des sables bien classés, avec un pourcentage variant de 29,2 % à 33.3 % des sédiments ;

- des sables modérément bien classés, caractérisant plus que 62 % des sédiments ;

- des sables modérément classés, représentant un pourcentage ne dépassant pas 5%.

La répartition spatiale de l'indice de tri, pour le mois d'avril 2007 (Figure 40), montre que les sédiments de petits fonds sont, pour la majorité, caractérisés par des sables modérément bien classés, à l'exception de deux zones :

- une première zone, très limitée dans l'espace, située sous le vent du port, ou les sables sont modérément classés ;

-une deuxième zone située dans la partie est du secteur et au-delà de l'isobathe -2m, où les fonds sont tapissés par des sables bien classés. Cette zone présente une discontinuité, en période hivernale, en face de Cap gréseux de Borj Arif.

Le bon classement observé, au delà de l'isobathe -2m, entre l'extrémité ouest des criques rocheuses et la limite orientale du secteur d'étude et pour les quatre campagnes est lié du à la diminution de l'énergie de la houle de la côte vers le large.

IV.2.2.3. L'indice d'asymétrie (Skewness)

Le skewness des sédiments superficiels des petits fonds, échantillonnés en 2006, varie de -0,43 à 0,10 phi, pour la campagne d'Avril, et de - 0,31 à 0,07 phi, pour la campagne d'Août, ce qui indique des sédiments à distributions granulométriques symétriques à asymétriques vers les grossiers.

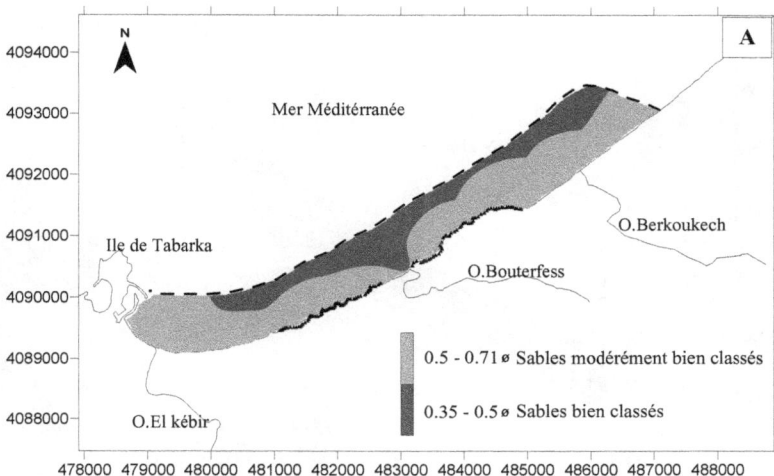

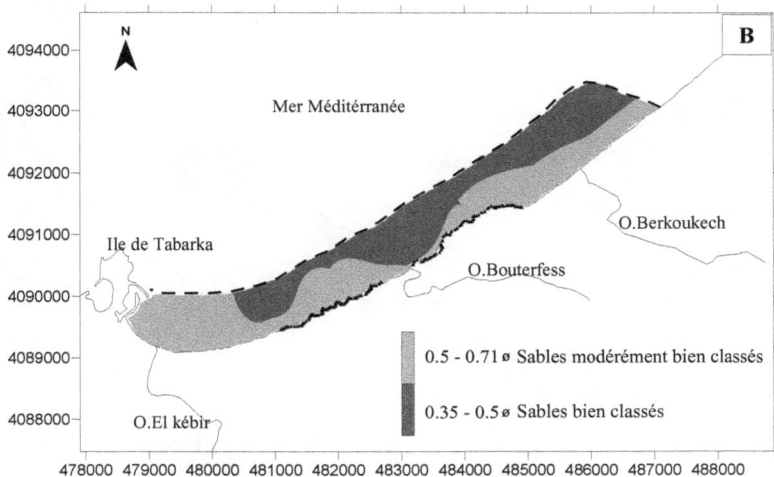

Figure 39. Cartes de répartition de l'indice de tri des sédiments superficiels
des petits fonds de Tabraka-Berkoukech, pendant l'année 2006
A : Avril ; B : Août

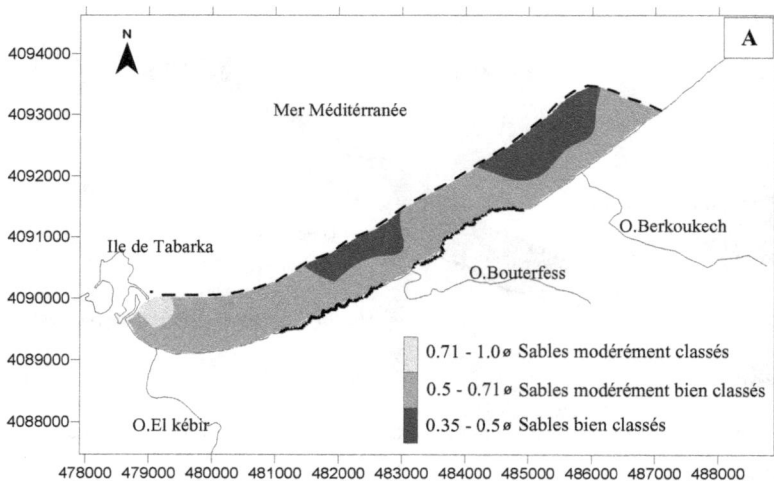

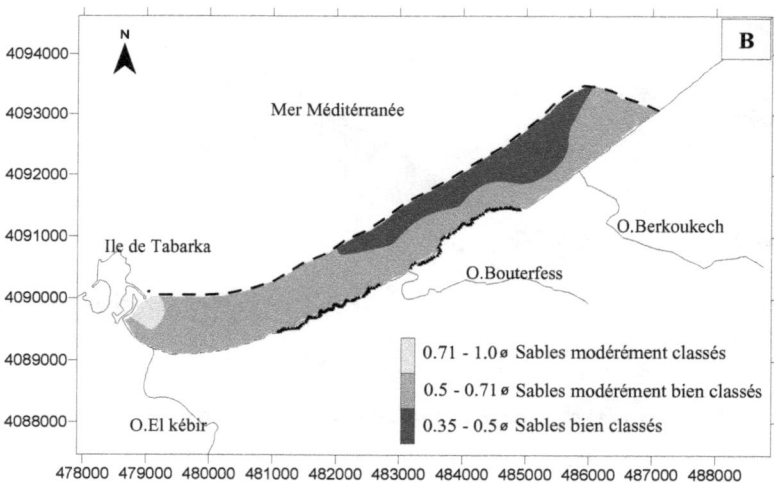

Figure 40. Cartes de répartition de l'indice de tri des sédiments superficiels
des petits fonds de Tabraka-Berkoukech., pendant l'année 2007
A : Avril ; B : Août

Les cartes de la répartition spatiale de ces valeurs (Figure 41), mettent en évidence l'individualisation de deux secteurs :

- le secteur ouest, qui s'étend du port de Tabarka jusqu' à l'extrémité est des criques rocheuses, caractérisé par la prédominance des sables symétriques ;
- le secteur est, situé entre l'extrémité est des criques rocheuses et la limite orientale de la zone d'étude, où les sédiments sont, pour l'essentiel, asymétriques vers les grossiers, traduisant un enrichissement relatif, d'Ouest en Est, en particules grossières.

La diminution de la valeur du skewness de l'Ouest vers l'Est serait due à la variation des conditions hydrodynamique du milieu. En effet, le secteur ouest est caractérisé par un régime hydrodynamique faible à modéré, comparé à celui du secteur est. Ceci se traduit par un vannage des particules fines vers l'Ouest.

Les sédiments des petits fonds prélevés en 2007 sont caractérisés par un skewness qui varie de -0,33 à 0,10 phi, pour la campagne d'avril, et de -0,22 à 0,10 phi, pour la campagne d'août.

Le skewness de la majorité des sédiments des petits fonds de Tabarka-Berkoukech, durant toutes les campagnes d'échantillonnage présente essentiellement, a des valeurs négatives et proches de zéro, avec des pourcentages variant de :
- 50 à 69,6 % des sables presque symétriques ;
- 4,2 à 45,8 % des sables asymétrique à très asymétriques vers les grossiers.

En 2007, les cartes des répartitions spatiales de l'indice d'asymétrie (Figure 42), montrent des modifications par rapport à celle enregistrée en 2006. En effet, les pourcentages des sables à distribution granulométrique symétrique augmentent au dépens des sables asymétriques à très asymétriques vers les grossiers aussi bien en hiver qu'en été 2007, avec une extension spatiale plus prononcée des sables symétriques, en période estivale. En effet, la plage tend à s'engraisser au cours de la période de beau temps, où le phénomène de vannage est moins important et s'éroder en période hivernale.

La prédominance des sables symétriques dans les petits fonds du Tabarka-Berkoukech témoigne d'un milieu à faible régime hydrodynamique traduisant une certaine stabilité dans la majorité du secteur d'étude.

IV.2.3.   Diagramme de Passega

Les diagrammes de Passega établis pour les sédiments prélevés dans la plage aérienne et dans les petits fonds de Tabarka-Berkoukech lors des quatre campagnes d'échantillonnage (Figure 43) montrent des nuages de points, dont les valeurs de la médiane varient de 213 à 800 µm et les valeurs de premier centile varient de 358 à 1000µm, pour les sables de la plage aérienne, alors que les sables des petits fonds ont une médiane comprise entre 137 et 849 et un premier centile variant de 374 um à 993um
.

Cette représentation a permis de distinguer que la majorité des sédiments de surface prélevés de la plage aérienne ont subi un transport en suspension gradée et sont déposés dans des conditions de turbulence élevée.

Les sables prélevés dans les petits fonds sont transportés essentiellement par suspension gradée, à l'exception des quelques échantillons des sédiments qui sont transportés par saltation et accessoirement par roulement et sont déposés dans des conditions hydrodynamiques moins agitées.

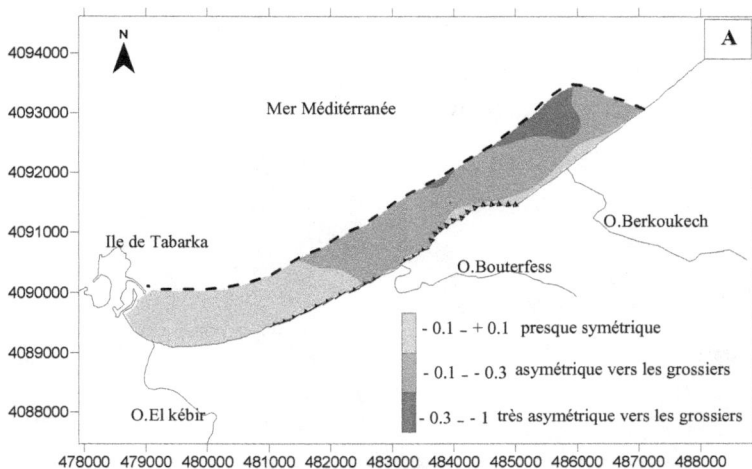

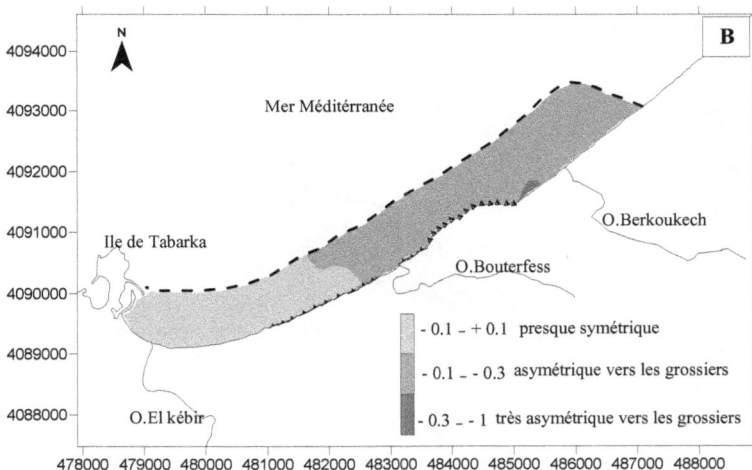

Figure 41. Cartes de répartition de l'indice d'asymétrie des sédiments superficiels des petits fonds de Tabraka-Berkoukech., pendant l'année 2006 (A : Avril ; B : Août).

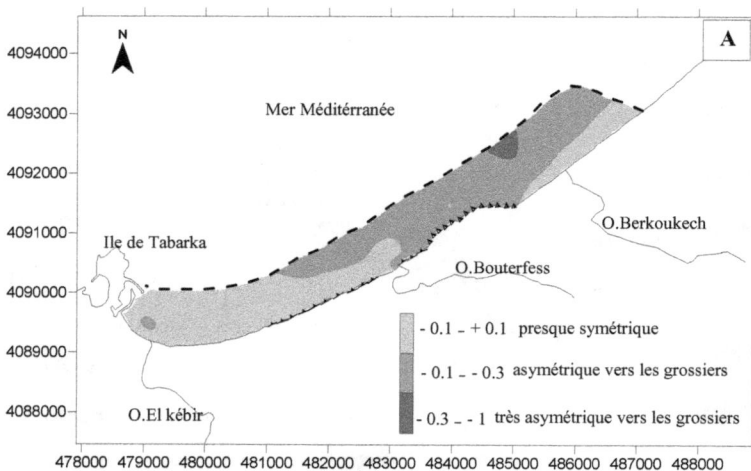

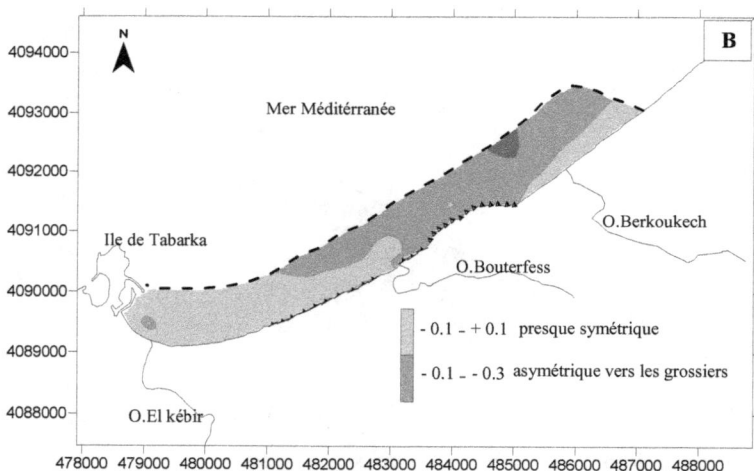

Figure 42. Cartes de répartition de l'indice d'asymétrie des sédiments
superficiels des petits fonds de Tabraka-Berkoukech., pendant l'année 2007
(A : Avril ; B : Août).

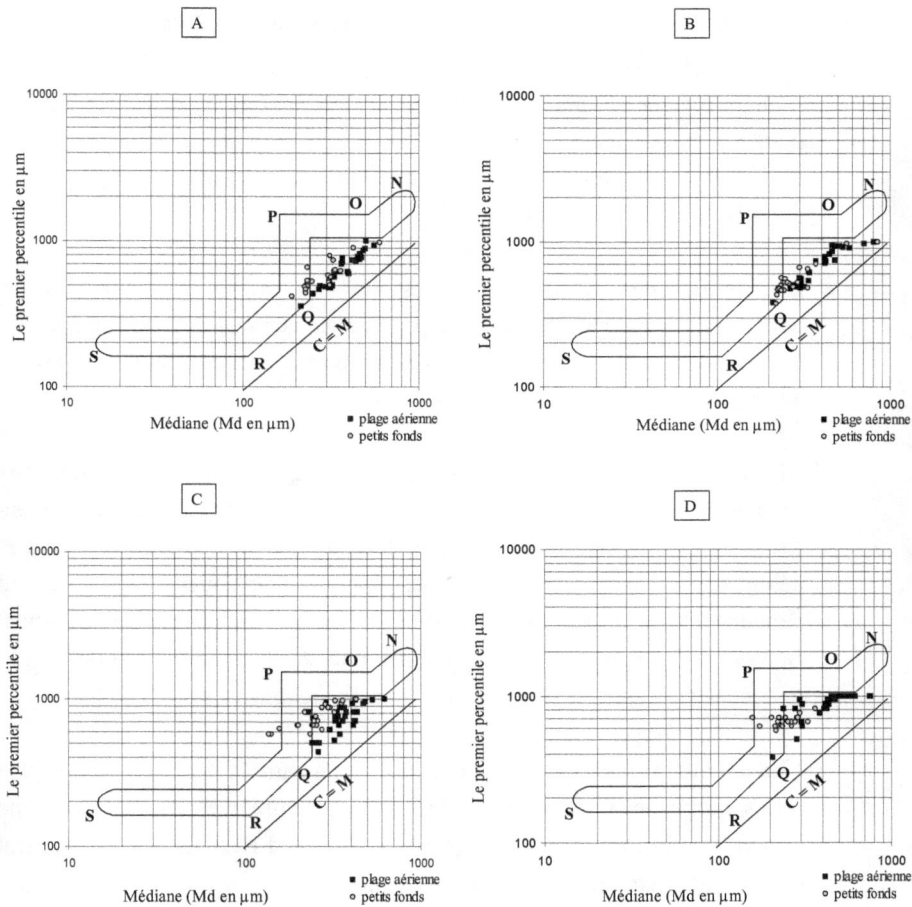

Figure 43. Représentation des échantillons des sédiments du littoral
Tabraka-Berkoukech dans le diagramme de Passega
(A : Avril 2006 ; B : Août 2006 ; C : Avril 2007 ; D : Août 2007)

V. ANALYSE MINERALOGIQUE DES SEDIMENTS SUPERFICIELS

L'analyse minéralogique, par diffraction aux rayons X, effectuée sur des poudres du sédiment total de quelques échantillons prélevés, a permis d'identifier le cortège minéralogique suivant : quartz, calcite, calcite magnésienne et la dolomite

Les proportions semi-quantitatives de ces minéraux, calculées en considérant la hauteur du pic principal, sont consignées dans le tableau 7. L'analyse de la répartition spatiale des proportions de ces minéraux (Figure 44) a permis de tirer les conclusions suivantes :

- **Le quartz** est présent dans tous les échantillons analysés, avec des taux variant entre 85,78 et 99,41%. Les proportions les plus élevées se trouvent dans le bas de plage d'El Morjene, essentiellement en face de l'oued el kébir. Ce minéral proviendrait des apports détritiques des oueds qui débouchent dans le littoral, particulièrement l'Oued El kébir, l'oued Bouterfess et l'oued Berkoukeh ainsi que de l'érosion des grés oligo-miocènes du Cap Borj Arif et des criques rocheuses.

- **La calcite** est présente avec un taux compris entre 0,59 et 8,30%. Les plus fortes proportions caractérisent les sédiments prélevés aux alentours de l'oued El kébir, de l'oued Bouterfess et de l'oued Berkoukech. Ce minéral est, pour l'essentiel, d'origine biogénique.

- **La calcite magnésienne** est présente avec un pourcentage variant de 0,28 à 3,34%. Le taux les plus élevé se trouve dans la zone située en face de la falaise de Berkoukech. Ce minéral aurait pour origine l'altération des roches calcaires et dolomitiques de l'arrière pays et une origine biogénique.

-**La dolomite** a été identifiée dans quelques échantillons prélevés dans les petits fond, essentiellement dans le secteur est et dans quelques échantillons prélevés dans la partie est de la plage aérienne. Ses proportions varient de 0.19 à 4.82%.

- **L'aragonite** est présente dans quelques échantillons prélevés dans les petits fonds, avec des proportions qui varient entre 0,14 à 1,98 %. Ce minéral est d'origine biogénique.

Tableau 7.Pourcentage des minéraux non argileux dans les sédiments superficiels du littoral Tabarka-Berkoukech (août 2006).

Echantillons	Quartz	Calcite	Dolomite	Calcite Magniesienne	aragonite
S2B	92,81	7,19			
S3B	99,41	0,59			
S4B	97,09	2,91			
S5B	91,80	8,20			
S10B	92,81	4,29	1,58	1,32	
S11B	91,40	6,09	1,69	0,81	
S13B	96,92	1,77	0,35	0,97	
S14B	97,28	2,42	0,30		
S14D	85,78	8,30	4,82	1,10	
S15D	97,52	1,43	0,77	0,28	
R1.2	94,66	5,34			
R4.2	96,58	2,03	0,44	0,95	
R6.2	97,01	2,36	0,48		0,14
R7.2	94,44	2,87	0,39	1,47	0,84
R8.2	96,68	1,93		1,12	0,27
R1.5	97,86	2,14			
R2.5	93,87	4,05		1,81	0,27
R4.5	95,85	2,47		1,31	0,37
R5.5	94,15	3,41	0,54	1,90	
R6.5	94,64	3,09	0,19	2,08	
R7.5	91,21	3,72	0,64	3,34	1,09
R8.5	92,56	4,18	1,22	1,60	0,43
R1.7	94,37	5,63			
R2.7	96,06	3,60	0,33		
R4.7	94,44	3,65	0,28	1,27	0,36
R5.7	95,05	3,38	0,27	1,30	
R6.7	92,37	5,40	0,26	1,21	0,76
R7.7	92,68	3,77	0,21	2,26	1,08
R8.7	91,20	4,01		2,81	1,98

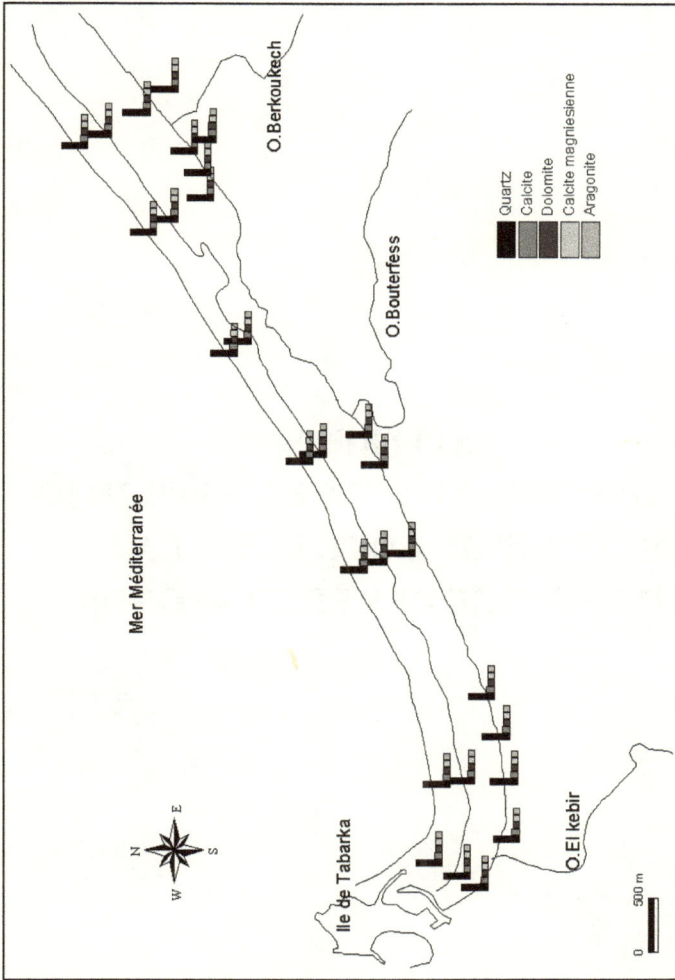

Figure 44. Carte de répartition des proportions des minéraux non argileux dans les sédiments superficiels du littoral Tabarka-Berkoukech.

101

CHAPITRE IV
ETUDE DIACHRONIQUE DE L'EVOLUTION
DU TRAIT DE CÔTE ET DE LA
BAHTYMETRIE DES PETITS FONDS

I.   INTRODUCTION

L'interprétation des photos aériennes des missions des années 1963, 1989 et 2001 et l'analyse des cartes topographiques de Tabarka et de Nefza au 1 :25000 constituent des sources d'information pour l'étude diachronique de l'évolution du trait de côte (Grenier et Dubois, 1990).

Le choix des ces missions a été fait suivant la disponibilité des photos aériennes et en tenant compte des dates des aménagements côtiers.

Les photographies aériennes de 1963 et de 1989 ont été géoréférenciées sous ARCMAP-GIS dans la projection UTM Zone N32, Datum Carthage et ont été assemblées afin d'obtenir des mosaïques couvrant l'ensemble de la zone d'étude. Celles de 2001 ont été déjà référenciées sous forme d'ortho photos par le Ministère de l'Agriculture Tunisien.

L'analyse de l'évolution du trait de côte de Tabarka-Berkoukech a été faite à l'aide de l'extension DSAS (Digital Shoreline Analysis System) proposée par l'USGS (Thieler *et al*, 2005). Une ligne de référence a été dessinée à terre parallèlement aux lignes de rivage des années 1963, 1989 et 2001 pour servir de base à la création de 180 transects perpendiculaires au trait du côte et équidistants de 50 m . Sur ces transects, la distance moyenne de recul et d'avancée du rivage est automatiquement calculée par DSAS. La marge d'erreur est calculée en analysant les variations de la position du rivage de repère fixe (cap de Borj Arif). La marge d'erreur moyenne est estimée à +/- 0,8 m/an.

L'analyse de l'évolution des fonds marins a été réalisée à partir de la carte marine de 1881 et des levés bathymétriques de 1996 (DGSAM, Ministère de l'Equipement et de l'Habitat) qui couvrent la zone située entre le Port de Tabarka et la plage d'El Morjene.

Les levés de 1996 ont été réalisés par rapport au Nivellement Général de la Tunisie (NGT), alors que la carte marine de 1881 a été établie par rapport au niveau zéro hydrographique. Ces données ont été transformées dans le même système de projection UTM N32.

La marge d'erreur des données bathymétriques a été estimée en considérant l'erreur verticale de mesure, ainsi que l'erreur induite par le positionnement du navire. Une valeur de 0.5 m a été retenue comme seuil á partir duquel les variations mesurées de la bathymétrie peuvent être considérées comme significatives.

La superposition des deux cartes bathymétriques produites a permis d'identifier les zones d'abaissement ou d'exhaussement du fond marin entre 1881 et 1996. Les variations volumétriques des fonds entre ces deux dates ont été calculées sur l'ensemble du secteur situé entre le port de Tabarka et la plage d'El Morjène.

II. EVOLUTION DU TRAIT DE CÔTE

Le suivi de la ligne de rivage du littoral Tabarka-Berkoukech, pour la période 1963- 2001, est basé sur quatre zones aux comportements différents, qui sont les mêmes zones délimitées pour l'étude sédimentlogique. Ces zones sont les suivants :

-Une première zone s'étend du port de Tabarka jusqu'à la fin de la plage d'El Morjene ;
- Une deuxième zone comprise entre la limite de la zone précédente et le Cap gréseux de Borj Arif ;
- une troisième zone qui correspond au cap gréseux de Borj Arif ;
- La quatrième zone s'étend entre le cap de Borj Arif et l'embouchure de l'oued Berkoukech.

II.1. Evolution du trait de côte entre le port de Tabarka et l'extrémité ouest de la plage El Morjene

II.1.1.Entre 1963 et 1989

Au cours de la période 1963-1989, l'évolution de la ligne de rivage entre le port de Tabarka et l'hôtel El Morjene, montre l'individualisation de deux secteurs (Figure 45) :

Le premier secteur s'étend du port de Tabarka, à l'Ouest, jusqu'à l'embouchure de l'oued El kébir, à l'Est, sur une longueur de 1000m (plage

104

El corniche). Dans ce secteur, on remarque une avancée de la ligne de rivage de 25 à 160 m, soit une vitesse de 0,9 à 6 m/an. Le maximum d'engraissement est enregistré dans la zone située juste sous le vent du port de Tabarka. A partir de cette zone, le taux d'engraissement diminue progressivement jusqu'à l'embouchure de l'oued El kébir, pour atteindre 0,9m/an.

Le deuxième secteur s'étend de l'embouchure de l'oued El Kébir jusqu'à la fin de la plage d'El Morjene, sur une longueur de 1750 m. Il présente des signes de démaigrissement dans tout le secteur, avec un recul du trait de côte de 5 à 69 m, soit des vitesses de recul variant de 0,2 à 2,7 m/an. La dune bordière dans ce secteur est souvent taillée en falaise et les fonds marins sont devenus de plus en plus profonds après la construction du nouveau port (Jlassi, 1993). D'autre part l'épave de l'Auvergne, située à 200 m à peu prés, à l'Ouest de l'hôtel El Morjene qui était accolée au rivage en 1885 se trouve maintenant dans l'eau, à une quarantaine de mètres de la côte (Figure 46) (Paskoff, 1985).

L'engraissement enregistré à la plage d'El corniche entre, 1963 et 1989, est du à la construction du port de Tabarka au cours de la période 1966-1970. En effet l'implantation de cet ouvrage portuaire a engendré une perturbation du transit sédimentaire. En effet, la jetée sud du port a intercepté les apports de la dérive littorale principale Est-ouest, induisant une accumulation des sédiments dans le secteur immédiatement sous le vent du port. Malgré que sa longueur est de 557 m (BCEOM/STUDI ,1981), cette jetée n'a pas été suffisante pour empêcher les phénomènes d'ensablement dans les bassins (Oueslati, 2004).

L'érosion enregistrée au niveau de la plage d'El Morjene est due, d'une part à l'action conjuguée des houles de secteurs NW et NE et à la forte pente sous-marine et, d'autre part, à multiplication, le long de cette plage, des installations hôtelières aux dépens du haut de plage et de la dune bordière, dont 80% est urbanisé.

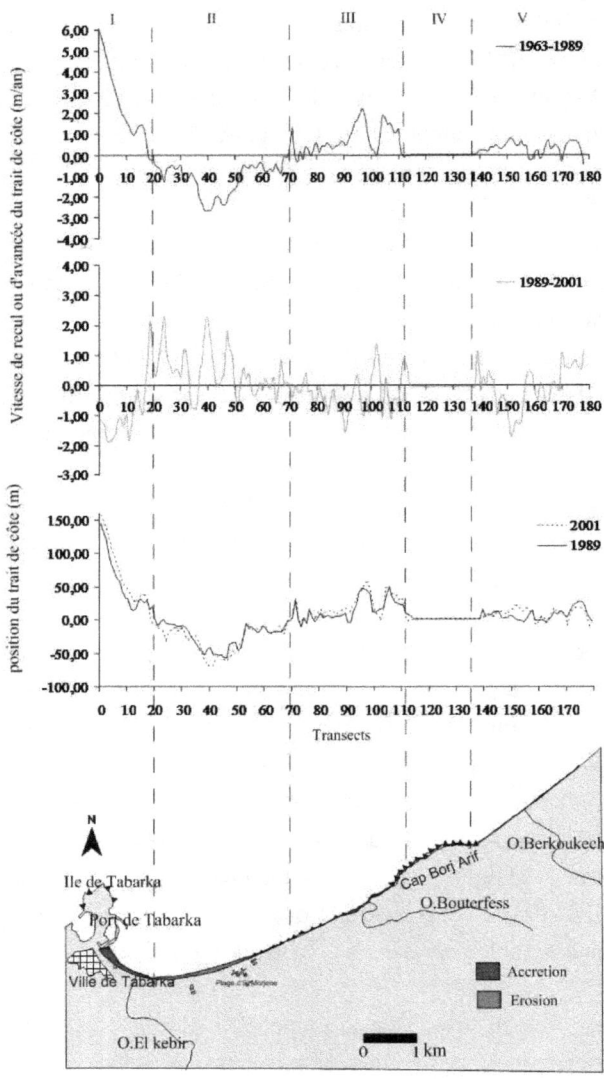

Figure 45. Evolution du trait de côte de Tabarka-Berkoukech entre 1963 et
2001

106

Figure 46. L'épave de l'Auvergne située à 40 m de la côte

II.1.2.Entre 1989 et 2001

La plage d'El corniche a connu, pendant cette période, un recul de son trait de côte de 1 à 22 m, soit une vitesse de 0,1 à 1,8 m/an (Figure 45). Le recul observé au niveau de la plage d'El Corniche pourrait témoigner d'une dérive secondaire dirigée vers l'Est.

Le faible recul enregistré dans la plage d'El corniche témoigne de la fin des phénomènes d'adaptation de la ligne du rivage aux nouvelles contraintes physiques imposées suite à la construction du port. Après une évolution rapide de 1963 à 1989, le rivage se stabilise et le profil de plage se réorganise.

Le deuxième secteur, montre plutôt une avancée de son trait côte de 1,5 à 27,6 m, entre 1989 et 2001, soient des vitesses de progradation de 0,13 à 2,3m/an. (Figure 45).

107

Sous l'action des houles d'Ouest, les sables déposés à une certaine distance de l'ouvrage portuaire sont repris par la dérive littorale d'Ouest en Est, ce qui a conduit à une érosion de la plage d'el corniche et à un engraissement de la plage d'El Morjene.

II.2. Evolution du trait de côte entre l'extrémité est de la plage d'El Morjene et le cap gréseux de Borj Arif

II.2.1. Entre 1963 et 1989

L'évolution de la ligne de côte entre l'extrémité est de la plage d'El Morjene et le cap gréseux de Borj Arif, entre 1963 et 1989, est marquée par une certaine stabilité, voire par une accrétion.

La plage de Bouterfess qui s'étend entre l'extrémité est des criques rocheuses et le cap de Borj Arif, sur environ 1200 m (P90 à P114) montre une avancée de 14 à 56m, en 26 ans, soit une vitesse moyenne annuelle de 0,4 à 2,2 m/ an (Figure 45).

L'engraissement de la plage de Bouterfess est dû à sa position abritée (Pocket Beach). En effet, elle constitue une zone de divergence des orthogonales de la houle et par conséquent une diminution de son énergie, ce qui est favorable à l'accumulation de sédiments qui ont pour origine les apports par l'oued Bouterfess et par la dérive littorale venant de l'Ouest.

II.2.2. Entre 1989 et 2001

Durant cette période, la côte située entre la plage d'El Morjene et le cap Borj Arif, ne montre pas de variations significatives. La variation de la position dans ce secteur est majoritairement incluse dans la marge d'erreur de mesure (+/- 0,7m).

II.3. Evolution du trait de côte de la zone III (Cap gréseux de Borj Arif)

Le trait de côte du cap Borj Arif n'a pas varié durant la période 1963-2001.

II.4. Evolution du trait de côte entre le Cap gréseux de Borj Arif et la plage de Berkoukech

II.4.1. Entre 1963 et 1989

La ligne de rivage, située entre le cap gréseux de Borj Arif et la plage de Berkoukech, montre une très faible variation, entre 1963 et 1989, avec une avancée du trait de côte variant de 3,15 à 20,72 m, soit une vitesse de progradation moyenne de 0,12m/an à 0,80 m/an (Figure 45). Cet engraissement serait lié, d'une part aux apports détritiques de l'oued Berkoukech et aux apports éoliens des dunes bordières et d'autre part, à la dérive littorale de direction Est-Ouest.

II.4.2. Entre 1989 et 2001

Durant cette période, la position du trait de côte n'a pas beaucoup changé à l'exception d'une zone située à l'ouest de l'embouchure de l'oued Berkoukech, sur une longueur de 600 m, où sa ligne de rivage a reculé de 1,37 à 20,33 m, soit une vitesse de 0,11 à 1,69 m/an (Figure 45). Cette érosion s'est déclenchée suite à l'aménagement de l'Aéroport international de Tabarka en mai 1989 aux dépens des dunes bordières, sur une superficie de 220 ha (Mendili, 1992). A cet endroit les dunes sont arasées par la création de cet ouvrage (Boukaaba, 1997). Or ces dunes jouent un rôle important dans l'équilibre sédimentaire des milieux côtiers (Paskoff ,1998).

III. EVOLUTION DE LA BATHYMETRIE DU FOND MARIN

III.1. Morphologie du fond marin en 1881

L'examen de la carte bathymétrique de 1881, superposée à la carte des pentes du secteur, situé entre le port de Tabarka et la plage d'El Morjène , a permis de tirer les conclusions suivantes (Figure 47) :
- de la ligne de rivage vers le large et jusqu'a -3m de profondeur, les fonds marins évoluent généralement en pente régulière et faible, avec une valeur inférieure à 1 degrés, à l'exception d'une zone, très limitée dans l'espace,

située juste en face de l'hôtel El Morjene, où la pente peut atteindre 2 degrés.

- entre –3m et -8m de profondeur, le fond marin est caractérisé par une pente plus élevée, qui peut atteindre 3degrés, dans l'extrémité est du secteur concerné.

- au déla de l'isobathe -8m, les pentes sont faibles à modérées, inférieures à 1 degrés.

III.2. Morphologie du fond marin en 1996

Les levés bathymétriques réalisés en 1996 (Figure 48) montrent que les isobathes de -1m à -8m sont irrégulières et inégalement espacées, avec de nombreux hauts-fonds et des fosses.

La carte des pentes montre un abaissement du fond marin, en comparaison avec la bathymétrie en 1881. En effet, de la ligne de rivage jusqu'a -3m de profondeur, la pente a augmenté sensiblement, en particulier, entre -1 et -2m de profondeur, où elle dépasse le 3degrés (5%).
Entre l'isobathe -3m et -8m, la pente est irrégulière et varie d'une zone à l'autre, avec un maximum enregistré contre la digue du port de Tabarka (4 degrés).
Au delà de l'isobathe -8m, la bathymétrie n'a pas beaucoup changé par rapport à celle de 1881, avec des pentes, toujours inférieures à 1 degrés soit 1,7 %.

La superposition des levés bathymétriques de 1881 et de 1996 (Figure 49 et Figure 50) a permis de suivre l'évolution de la morphologie sous -marine en fonction du temps.

Les isobathes -1m, -2m,-3m, -4m et -5m se sont rapprochées du rivage, ce qui témoigne d'une érosion du fond marin. En effet, un abaissement du fond de 1 à 5m a été enregistré dans les zones comprises entre

110

l'embouchure de l'oued El kébir et l'extrémité est de la plage El Morjene. Ces zones les plus touchées par l'érosion des fonds sont situées près du rivage, entre -2 m et -4m de profondeur, entre -1m et -5m, et entre -2m et -7m de profondeur, en allant d'Ouest en Est

Le maximum d'abaissement est localisé dans l'extrémité est du secteur, en face de l'hôtel el Morjene. Un abaissement du fond marin à proximité de la ligne de rivage a pour effet d'abaisser le niveau de l'estran. Une telle diminution de la hauteur de l'estran ne peut que favoriser l'érosion du haut de plage et des dunes bordières, en induisant une augmentation de la fréquence de submersion sur le haut de plage. On observe effectivement une nette correspondance entre l'abaissement dans la zone pré-littorale proche et le recul du trait de côte, en particulier au niveau de la plage d'El Morjene.

Dans la zone sous le vent du port de Tabarka, les isobathes allant de -1m à -5m ont avancé, dans l'ensemble, vers le large. On a, de ce fait, un engraissement des petits fonds, avec un exhaussement du fond de 2 à 7 m, le maximum étant enregistré contre la digue du port (Figure 50).

Au delà de l'isobathe -7m et a l'exception de la zone située sous le vent du port, on constate une faible variation de la morphologie sous- marine, puisque le fond marin n'a pas beaucoup changé et une certaine stabilité a été enregistrée.

Ces résultats indiquent que :

- le transport sédimentaire s'effectue essentiellement dans la zone, située entre -1m et -7m de profondeur et que le phénomène d'érosion ou d'accumulation touche l'ensemble du profil côtier depuis la dune jusqu'à la profondeur de -7m ;

- la dérive littorale principale Est-ouest a fait éroder le secteur oriental pour engraisser le secteur occidental, en fait les sédiments sont transportés, sous l'action de la houle et ses courants associés, de la plage El Morjene vers la plage d'El corniche.

- Les fonds marins se sont abaissés à des rythmes généralement compris entre 1,7 à 3,4 cm/an, entre 1881 et 1996.

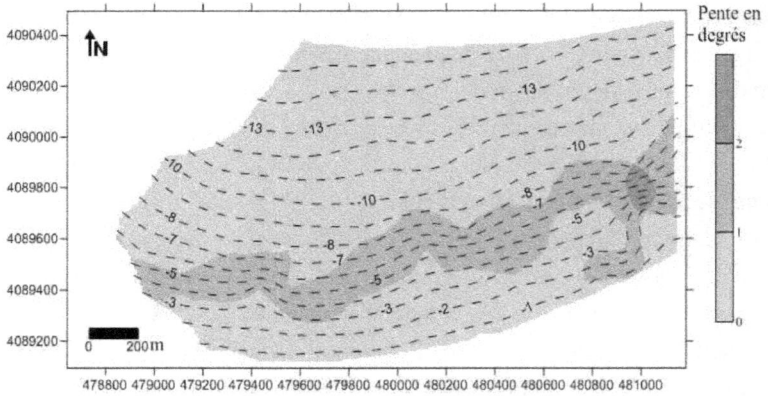

Figure 47. Carte des pentes des petits fonds en 1881

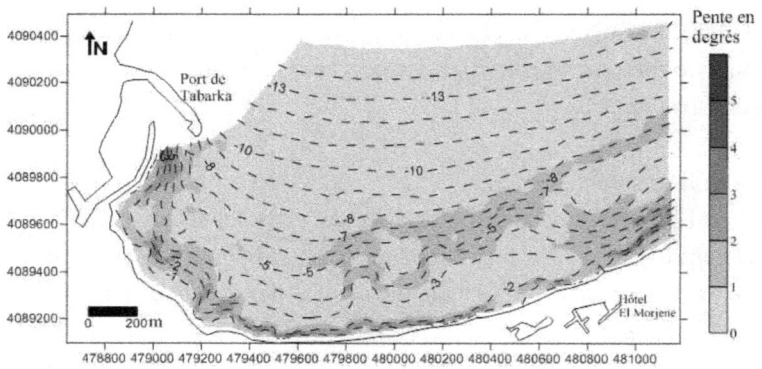

Figure 48.Carte des pentes des petits fonds en 1996

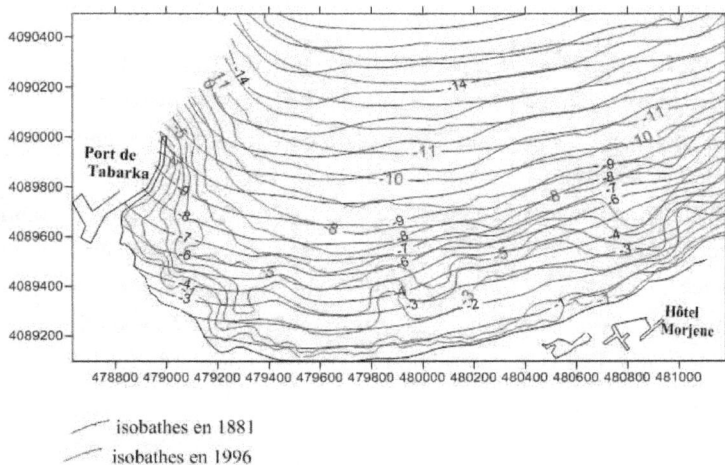

isobathes en 1881
isobathes en 1996

Figure 49. Superposition des cartes bathymetriques de 1881 et 1996 du secteur Port de Tabarka-Plage El Morjene

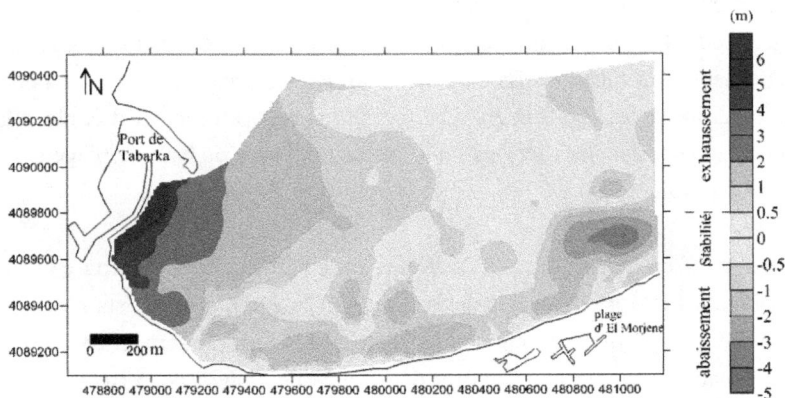

Figure 50. Carte d'évolution de la bathymétrie, entre le port de Tabarka et la plage El Morjene, pour la période 1881-1996

113

IV. CONCLUSION

L'étude diachronique de l'évolution du littoral Tabarka-Berkoukech, à l'aide des photographies aériennes de différentes missions a permis d'apprécier l'évolution spatio-temporelle de sa ligne de rivage durant la période 1963-2001.

Les résultats obtenus ont conduit à une zonation, en fonction de la stabilité, du recul ou de l'avancée du trait de côte. La plage d'El corniche qui a une tendance à l'accrétion, alors que la plage d'El morjene a subi une érosion. La troisième zone montre une certaine stabilité voire une accrétion dans la plage de Bouterfess et la quatrième zone montre une stabilité relative.

L'engraissement de la plage d'El corniche entre 1963 et 1989, est dû à la construction du port de Tabarka au cours de la période 1966-1970, qui a engendré des modifications notables sur le transit sédimentaire.

Le secteur le plus touché par l'érosion se situe entre l'embouchure de l'oued El Kébir et l'extrémité est de la plage d'El Morjene, où le trait de côte recule à une vitesse variant entre 0,14 et 1,64m/an, pour la période 1963-2001. L'ampleur du phénomène d'érosion dans ce secteur est due à la perturbation du transit sédimentaire par le port de Tabarka, à la forte pente sous-marine dépassant 3 degrés par rapport au reste du secteur d'étude, à la multiplication des installations hôtelières aux dépens de haut de plage et de la dune bordière.

Il en va différemment dans la deuxième zone située entre l'extrémité est de la plage d'El Morjene et le cap de Borj Arif, où le rivage est stable ou en accrétion, en particulier la plage de Bouterfess. L'engraissement continu de cette plage serait lié aux apports détritiques de l'oued bouterfess et à la dérive littorale venant de l'ouest.

La dernière zone située entre le cap gréseux de Borj Arif et l'embouchure de l'oued Berkoukech, montre une certaine stabilité voire une très légère accrétion, avec une vitesse de sédimentation ne dépassant pas 0,8m/an.

L'analyse de l'évolution du fond marin basée sur la superposition de la carte marine de 1881 et des levés bathymétriques réalisés en 1996 a permis d'identifier les zones d'abaissement ou d'exhaussement du secteur situé entre le port de Tabarka et la plage d'El Morjene :

- Un abaissement du fond marin de 1 à 4m a été enregistré à proximité de la ligne de rivage, avec un maximum d'abaissement situé dans l'extrémité ouest du secteur, en face de l'hôtel d'El Morjene, entre -2m et -7m de profondeur.
- La zone sous le vent du port est caractérisée par un engraissement des petits fonds.
- Une certaine stabilité a été enregistrée au delà de l'isobathe -7m.

Ces résultats montrent qu'il existe une nette correspondance entre l'abaissement du fond dans la zone pré-littorale proche et le recul du trait de côte.

Le phénomène d'érosion touche l'ensemble du profil côtier depuis la dune jusqu'à des profondeurs -5m à -8m. Cette zone pré-littorale a perdu plus de 17200m^3 des sédiments, avec une vitesse d'abaissement variant de 1,7 à 3.4 cm/an.

CHAPITRE V
MODELISATION DE L'EVOLUTION DU TRAIT DE COTE

I. INTRODUCTION

De nombreux travaux de recherche ont été réalisés pour comprendre le comportement des systèmes côtiers, les interactions entre les vagues, le vent, les marées, le profil des estrans, le transport sédimentaire et l'évolution de la ligne de rivage. Ils ont conduit au développement de plusieurs modèles de simulation, qui sont aujourd'hui généralement utilisés, surtout dans l'ingénierie côtière.

Le modèle GENESIS (GENEralized Model for SImulating Littoral Change) est parmi les outils numériques les plus appliqués pour la protection et l'aménagement du littoral. Il a été développé par les ingénieurs de l'armée américaine (Hanson, 1987 ; Hanson et Kraus, 1989 et Gravens *et al,* 1991) pour prévoir l'évolution du trait de côte à court, à moyen et à long terme. Ce modèle a été utilisé dans plusieurs travaux de recherche et il a été appliqué sur les côtes américaines, en particulier, Folley beach, au Sud de la Caroline (USACE, 1992), sur les côtes portugaises (Talbi, 2005), sur les côtes égyptiennes (Kaiser, 2003) sur les côtes du Mexique, à Galveston Island (Fourrier, 1995 ; Gilbaeath, 1995 et Gibeaut *et al,* 1998) et, récemment, sur la côte de Sousse-Monastir (Fathallah, 2010).

II. PRESENTATION DU MODELE GENESIS

Le modèle GENESIS calcule l'évolution de la position du trait de côte, entre deux dates , en se basant sur la variation, dans le temps et dans l'espace, du taux du transit littoral et en tenant compte des effets des ouvrages de protection tels que les épis, les brise-lames et les enrochements et les apports ou les prélèvements de sédiments.

II.1. Les entrées du Modèle GENESIS

L'application du modèle GENESIS nécessite l'entrée des données suivantes (Young *et al,* 1995) :

117

-la position initiale du trait de côte ;

-les caractéristiques des houles au déferlement, déterminées par le Modèle STWAVE ;

- les ouvrages et les aménagements côtiers ;

-le profil des plages (hauteur de berme (D_B) et profondeur de fermeture (D_C)) ;

-les conditions aux limites qui sont les frontières latérales du secteur d'étude (Fermées, semi-ouvertes et ouvertes);

-la bathymétrie du secteur d'étude.

II.1.1. La position du trait de côte

La première étape consiste à introduire la position du trait de côte dans un repère cartésien orthogonal direct, où l'axe des X est dirigé parallèlement à la ligne de rivage et, l'axe Y est dirigé vers le large et représente la position du rivage (Figure 51). Ensuite, la ligne de rivage est discrétisée suivant X par des cellules de largeur Dx, égale à 60 m.

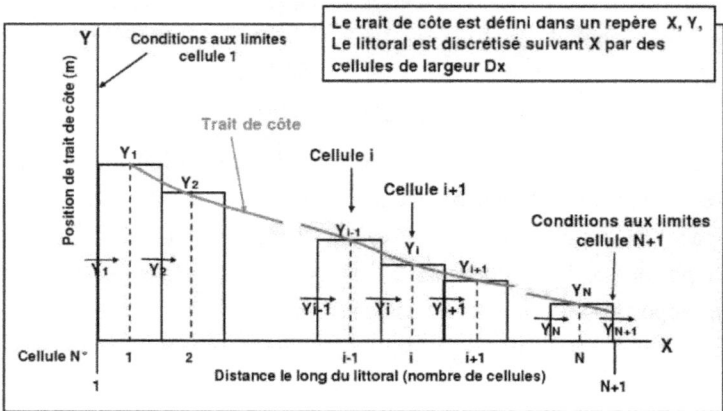

Figure 51. Le système de coordonnées du trait de côte utilisé par GENESIS
(Hanson et Kraus, 1989)

118

II.1.2. Le régime des houles

La collecte et la préparation des données est l'étape la plus importante dans le modèle GENESIS. Les caractéristiques des houles au large (Hauteur, direction et période) sont introduites dans le modèle avec un intervalle de temps de 24 heures.

Le modèle GENESIS nécessite les caractéristiques des houles au déferlement pour calculer le taux de transit sédimentaire. Par manque de données suffisantes, on a recours à un modèle de simulation de la houle STWAVE (Smith *et al*, 2001), pour déterminer sa hauteur et sa direction au déferlement.

II.1.3. Les ouvrages et les aménagements côtiers

Le modèle GENESIS prend en compte, dans le calcul du transit sédimentaire, les effets des ouvrages de protection, tels que les épis, les brise-lames, des enrochements de l'aménagement portuaire et de la recharge artificielle des plages.

Dans le secteur d'étude l'effet du port de Tabarka a été pris en considération. Les paramètres considérés, parmi les caractéristiques de cet ouvrage portuaire, sont la longueur de la jetée, la profondeur d'implantation et le coefficient de perméabilité.

Par ailleurs, le cap gréseux de Borj Arif a été considéré comme un enrochement " seawall ".

II.1.4. Le profil des plages (hauteur de berme (DB) et profondeur de fermeture du profil (DC))

La bathymétrie du secteur d'étude (carte et levés bathymétriques) nous a permis de déterminer le profil de la plage et, en particulier, la hauteur de berme et la profondeur de fermeture. Ces deux valeurs sont utilisées dans l'équation fondamentale de l'évolution du trait de côte.

La profondeur de fermeture (D_C) correspond à la profondeur d'eau jusqu'à laquelle la houle joue un rôle dans le transport sédimentaire (profondeur limite de mobilité des sédiments). Elle est estimée par la méthode décrite par Hallermeier (1983), en utilisant l'équation suivante :

$$D_C = (2,28 - 10,9 H_0/L_0)\, H_0 \text{ (en m)}.$$

Où H_0 : la hauteur de la houle au large (m) ;
L_0 : la longueur d'onde de la houle au large (m).

La longueur d'onde de la houle dans les eaux profondes est calculée selon la théorie de houle linéaire, en utilisant la relation suivante :

$$L_0 = gT^2 / 2\, \pi$$

Où g : l'accélération de la pesanteur
T : la période de la houle (s).

Le modèle GENESIS suppose que le profil de plage se translate vers la mer le long d'une section de côte, sans changement de sa forme. Un profil d'équilibre a été considéré pour calculer la pente moyenne de la plage sous marine (paramètre utilisé dans l'équation du transport sédimentaire) et pour délimiter la zone de déferlement le long de la côte.
Le profil d'équilibre est déterminé par la formule proposée par Bruun (1954) et modifiée par Dean (1977) :

$$h = A\, y^{2/3}$$

h : profondeur d'eau (m)
y : distance horizontale de la profondeur d'eau à la côte (m)
A : paramètre empirique qui dépend de la granulométrie du sédiment (Moore, 1982).

$$A = 0.41\, (d_{50})^{0.94}, \text{ pour } d_{50} < 0.4$$
$$A = 0.23\, (d_{50})^{0.32}, \text{ pour } 0.4 \leq d_{50} < 10$$
$$A = 0.23\, (d_{50})^{0.28}, \text{ pour } 10 \leq d_{50} < 40$$
$$A = 0.46\, (d_{50})^{0.11}, \text{ pour } 40 \leq d_{50}$$

Où : d_{50} est le diamètre (mm) des grains qui correspond aux sables prélevés dans la zone de déferlement et A en ($m^{1/3}$).

Le paramètre A est utilisé pour calculer la pente moyenne du fond marin, qui sera introduite dans l'équation de calcul du transit littoral :

$$\tan\beta = (\frac{A^3}{D_c})$$

$\tan\beta$ est la pente moyenne du fond depuis la ligne de rivage jusqu'à la profondeur du transport littoral actif.

II.1.5.   Les conditions aux limites

Les conditions aux limites sont les frontières latérales du secteur d'étude, qui peuvent influencer le taux du transit littoral. Le modèle GENESIS considère trois conditions aux limites :

- des conditions aux limites fermées " pinned –beach boundary ", lorsqu' il n'ya pas de changement de la position de la ligne de rivage en fonction du temps. Les frontières peuvent être une plage naturelle ouverte ou un enrochement " Seawall ". Ces conditions aux limites doivent être placées loin de la zone d'étude, pour que le changement ne peut pas altérer la nature de la frontière imposée.

- des conditions aux limites semi-ouvertes "Gated boundary", qui sont choisies lorsque le transport sédimentaire est complètement ou partiellement stoppé, par une jetée, par un épi, ou par un cap rocheux.
- des conditions aux limites ouvertes "Moving boundary", qui sont choisies lorsque la vitesse de recul et/ou d'avancée du trait de côte est connue pour une période de temps donnée.

Le modèle GENESIS prend en compte le transport de sable à travers un ouvrage portuaire ou de protection, soit par le phénomène de by- passing soit par transmission.

II.2.   Les équations du modèle GENESIS

II.2.1.   Equation du transit littoral

Le changement de la position de la ligne de rivage est le résultat direct de la variation dans le temps et dans l'espace, du transit sédimentaire, dont le taux est calculé, par le modèle GENESIS, selon la formule empirique suivante (Kraus and Harikai, 1983) :

$$Q \ (m^3/s) = (H^2 C_g)_b \ [a_1 \sin 2\theta_{bs} - a_2 \cos \theta_{bs} \frac{\partial H}{\partial x}]_b$$

$$Q \ (m^3/s) = (H^2 C_g)_b \ (a_1 \sin 2\theta_{bs})_b - (H^2 C_g)_b \ a_2 \cos \theta_{bs} \frac{\partial H}{\partial x}]_b$$

Où   H : la hauteur de la houle au déferlement (en m);

Cg : la vitesse de groupe de houle, donnée selon la théorie de houle linéaire;

b : indice dénotant la condition de la houle au déferlement ;

θ_{bs} : angle des vagues au déferlement.

Les paramètres adimensionnels a_1 et a_2 sont donnés par les relations suivantes (Hanson et Kraus, 1989) :

$$a_1 = \frac{K_1}{16(\rho_s/\rho - 1)(1 - p)(1.416)^{\frac{5}{2}}}$$

$$a_2 = \frac{K_2}{8(\rho_s/\rho - 1)(1 - p)tan\beta(1.416)^{7/2}}$$

Où : K_1 et K_2 sont des coefficients empiriques, considérés comme des paramètres de calage ;

ρ_s : densité de sable (égale à 2650 kg/m^3, pour un sable quartzeux) ;

ρ : densité de l'eau (égale à 1030 kg/m^3, pour l'eau de mer) ;

p : porosité du sable dans le fond (égale à 0.4) ;

tan β : pente moyenne du fond depuis la ligne de rivage jusqu'à la profondeur du transport littoral actif.

Le facteur 1.416 est utilisé pour convertir la hauteur de la houle significative (la hauteur de houle statistique, exigée par GENESIS) en hauteur de houle moyenne quadratique (rms : root mean square ou racine quadratique moyenne).

Hanson et Kraus (1989) ont proposé une valeur de K_1 encadrée entre 0,58 et 0,77, alors que Wrang et al (1998) ont proposé une autre valeur, nettement différente (K_1=0.08) valable lorsque l'énergie de vagues à la côte est faible.

Les valeurs de K_1 et K_2 servent à caler le modèle. Pour le secteur d'étude, le calage et la validation du modèle ont conduit à retenir les valeurs 0,06 et 0,05, respectivement pour K_1 et K_2.

La formule qui sert à calculer le taux de transit sédimentaire est décomposée en deux termes comme suit :

$$Q = \underbrace{(H^2 C_g)_b \, (a_1 \sin 2\theta_{bs})_b}_{1} - \underbrace{(H^2 C_g)_b \, a_2 \cos \theta_{bs} \frac{\partial H}{\partial x}]_b}_{2}$$

Le premier terme (1) de l'équation correspond à la formule de "CERC" (2002), qui tient compte de l'angle d'incidence de la houle au déferlement.

Le deuxième terme (2) de l'équation est utilisé pour décrire l'effet de la variation longitudinale de la hauteur de houle au déferlement sur le taux de transit sédimentaire (Ozasa et Brampton, 1980).

II.2.2.   Equation de l'évolution du trait de côte

L'équation mathématique, utilisée par le modèle GENESIS, pour calculer l'évolution du trait de côte, est basée sur la conservation du volume de sédiment transporté. Elle est exprimée comme suit :

$$\frac{\partial y}{\partial t} + \frac{1}{(D_B + D_C)}\left(\frac{\partial Q}{\partial x} - q\right) = 0$$

Où :

    y : le changement de la position du trait de côte ;

    x : la longueur du trait de côte ;

    t : intervalle de temps ;

    D_B : l'élévation de la berne ;

    D_C : profondeur de fermeture ;

    Q : taux de transport   sédimentaire ;

    q : volume de sable ajouté ou supprimé.

Il est supposé que le profil de plage se translate vers la mer le long d'une section de côte, sans changement de sa forme. Quand une quantité nette de sable (q) entre ou quitte cette section, pendant un intervalle de temps Δt, la variation de la position de la ligne de rivage Δy, d'une section Δx de plage, est égale à la différence ΔQ entre la quantité entrante et celle sortante de sédiments (Figure 52). Donc on aura l'égalité suivante :

$$\Delta V = \Delta x \,.\Delta y \,(DB + Dc) = \partial Q/\partial X\, \Delta x\, \Delta t + q\, \Delta x\, \Delta t$$

Le réarrangement des termes et la prise de la limite comme Δt → 0 ramène l'équation gouvernant le changement du trait de côte à :

$$\partial y/\,\partial t + 1/\,(Db + Dc)\,((\partial Q/\partial X - q)) = 0$$

124

Pour résoudre cette équation, la position initiale du trait de côte, les conditions aux limites sur chaque extrémité de la plage, ainsi que des valeurs pour Q, q, D_B et D_C doivent être données.

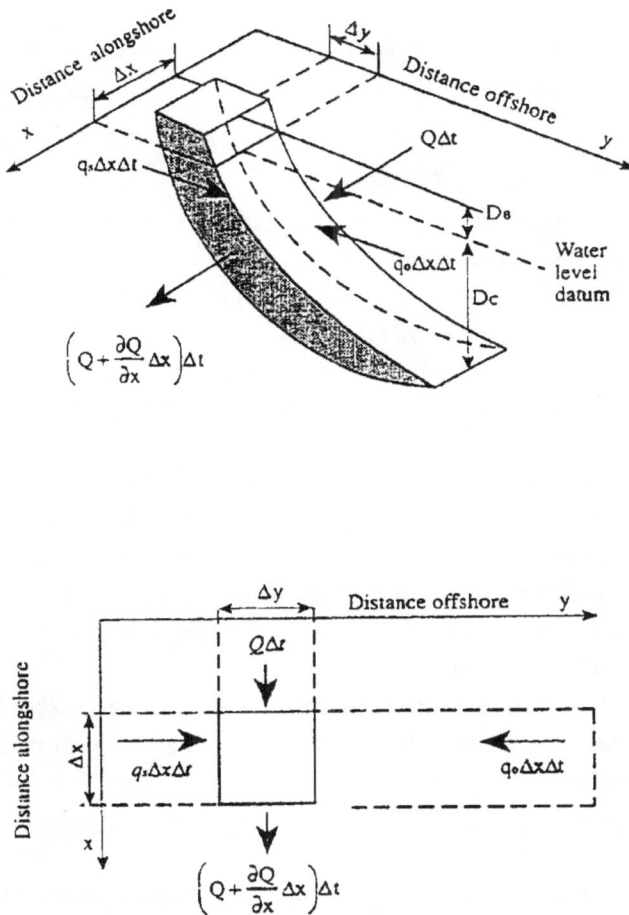

Figure 52. Schéma représentant les variables utilisés dans l'équation de l'évolution du trait de côte par le modèle GENESIS (Hanson and Kraus, 1989)

II.3. Calage et validation du modèle

Une fois toutes les données nécessaires pour l'application du modèle GENESIS sont collectées, le modèle doit être calé et validé.

Le calage du modèle consiste à reproduire une position ancienne du trait de côte, avec un maximum de fiabilité.

La validation du modèle consiste à reproduire des résultats obtenus lors de calage pour différentes périodes.

II.4. Limite du Modèle GENESIS

Le modèle GENESIS présente un certain nombre de limitations qui restreignent l'exactitude des résultats (Hanson and Kraus, 1989) :

- Le modèle est unilinéaire ;
- les données concernant les caractéristiques des houles sont rarement fiables (généralement les mesures sont effectuées pendant la saison hivernale) ;
- quelques données relatives aux aménagements sont difficiles à quantifier, tels que le coefficient de perméabilité des épis et des digues et le coefficient de transmissivité des brise-lames ;
- le modèle GENESIS ne prend pas en compte, dans le calcul de l'évolution du trait de côte, le transport des sédiments dans le profil et pendant les tempêtes ;
- l'obliquité de la houle et son énergie au déferlement sont les seuls facteurs considérés dans le calcul du transit sédimentaire et la simulation du trait de côte ;
- le profil de plage est supposé invariable, alors qu'il varie en fonction des saisons ;
- la hauteur de berme, la profondeur de fermeture et le diamètre du grain moyen sont constants pour toute la zone d'étude, alors que ces paramètres varient dans l'espace.

126

La grande variabilité et la complexité des processus côtiers et le manque de données pertinentes, laisse à penser que les résultats de la simulation obtenus par GENESIS doivent être retenus avec beaucoup de précaution et avec une analyse critique de limites et de performances de ce modèle.

III. MODELISATION DE LA PROPAGATION DE LA HOULE

L'application du modèle GENESIS nécessite une simulation, au préalable, de la propagation de la houle depuis le large jusqu'à la côte.

La houle joue un rôle important dans le transport sédimentaire à l'approche de la côte, en particulier dans la zone de déferlement. En effet, lors de la propagation de la houle du large vers la côte, ses caractéristiques se trouvent fortement modifiées sous l'influence de la réfraction, du déferlement et de la diffraction. Ces modifications se traduisent par une dissipation ou par une concentration d'énergie. Il est donc nécessaire, pour la prédiction de la dynamique sédimentaire et pour l'analyse de la stabilité du trait de côte d'une plage sableuse, d'identifier et d'analyser les facteurs hydrodynamiques qui sont à l'origine de l'érosion ou de la sédimentation.

Plusieurs modèles permettent de simuler le champ des vagues, hors et dans la zone de déferlement, dans le but de déterminer les caractéristiques de la houle (hauteur, période et direction), en tenant compte des phénomènes de réfraction, de déferlement et de diffraction.

Parmi ces modèles, nous avons choisi STWAVE (Resio 1988; Smith, *et al* 2001), sous l'interface SMS.9.2 (Surface-water-Modeling-System). C'est un modèle robuste, performant, rapide et pratique. Il a donné des résultats satisfaisants dans plusieurs sites dans le monde, et il est le mieux indiqué pour être appliqué dans le secteur d'étude.

III.1.   Fonctionnement du modèle STWAVE

Le modèle STWAVE (STeady-state spectral WAVE model) résout l'équation de conservation spectro-angulaire d'énergie de la houle par la méthode de différences finies et prend en compte la réfraction, le

127

déferlement et la diffraction de la houle (Resio, 1987, 1988a et 1988b). Ce modèle admet que :

- la pente du fond est faible;
- les phénomènes de réflexion sont négligeables ;
- les conditions de la houle au large sont spatialement homogènes ;
- la houle est stationnaire ;
- la réfraction et le déferlement sont linéaires, c'est à dire l'asymétrie des vagues n'est pas prise en considération ;
- les courants des houles sont uniformes en fonction de la profondeur.

III.1.1   La bathymétrie

La méthode numérique des différences finies, nécessite une subdivision du fond marin du site en grilles cartésiennes avec des cellules à mailles carrées suivant deux axes, X et Y. L'axe X est perpendiculaire aux isobathes et l'axe Y est parallèle à ces lignes d'égale profondeur (Figure 53). Le fichier d'entrée de la bathymétrie est constitué par des valeurs positives. Par exemple, pour une profondeur de -3m, le modèle affecte cette valeur d'un facteur multiplicateur de -1, de sorte que la profondeur Z devient Z=+ 3m.

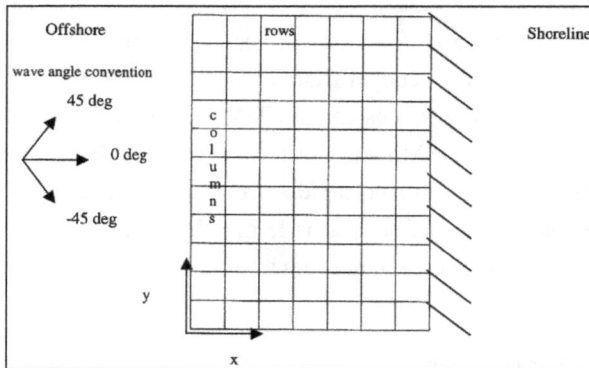

Figure 53. Un exemple de grille de fond marin considérée par le modèle STWAVE

III.2.1   Le régime de houle

Les différentes directions de la houle sont déterminées, à partir de l'axe X, qui est perpendiculaire aux isobathes, positivement dans le sens contraire de celui des aiguilles d'une montre (Figure 54).

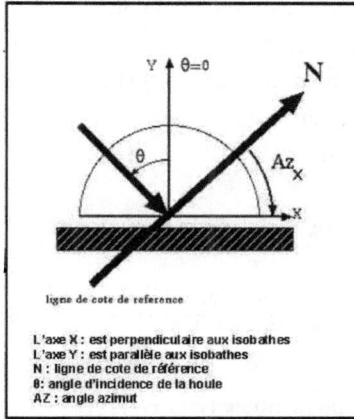

Figure 54. Convention de mesure des directions des houles dans le modèle STWAVE, (Gravens *et al* ; 1991)

Les régimes de houle au large sont exprimés sous forme de deux spectres (fréquence en fonction de l'énergie de la houle et direction en fonction de l'énergie de la houle) comme le montre la Figure 55.

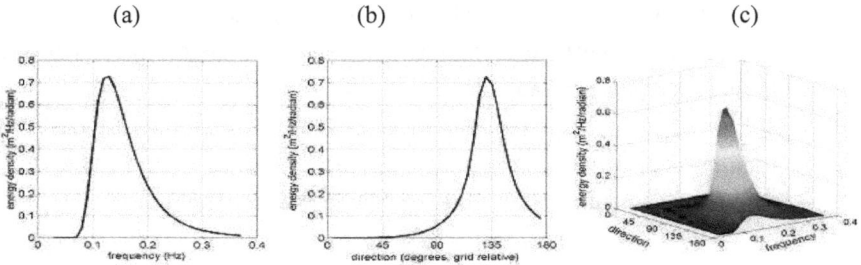

Figure 55. Exemple de spectre de la houle, établi par STWAVE

a : densité de l'énergie de la houle en fonction de la fréquence

b : densité de l'énergie de la houle en fonction de la direction

c : densité de l'énergie de la houle en fonction de la fréquence et de la direction

La simulation de la propagation de la houle vers la côte, implique la transformation de ses paramètres (hauteur, direction et periode,...) en modèles spectrales. En effet, La propagation de la houle est basée sur l'équation suivante de conservation de la densité spectrale de l'énergie de la houle (Jonsson, 1990):

$$(C_{ga})_x \frac{\partial}{\partial x} \frac{C_a C_{ga} \cos(\mu - \alpha) E(f, \alpha)}{\omega r}$$
$$+ (C_{ga})_y \frac{\partial}{\partial y} \frac{C_a C_{ga} \cos(\mu - \alpha) E(f, \alpha)}{\omega r} = \sum \frac{S}{\omega r}$$

Où

Cga = célérité de groupe de houle (en m /s)

x,y = coordonnées spatiales

Ca = célérité de la phase d'onde (en m /s)

μ = direction de la propagation de la houle

α = angle entre l'orthogonale à la direction de propagation de la houle avec l'axe X

E = densité spectrale de l'énergie de la houle

f = fréquence du spectre en Hz

ωr = fréquence angulaire relative de la houle (en rad s^{-1})

S = terme qui désigne la somme des sources d'énergie par rapport à la fréquence relative de la houle.

L'amplitude de la houle au déferlement, utilisée par STWAVE, est déterminée à partir de l'équation de Miche (Miche, 1951) :

$$Hmo_{(max)} = 0.14 \, L \tanh(kd)$$

130

Où

L : longueur d'onde de la houle

K : nombre d'onde (K = 2π/L)

d : profondeur au déferlement.

La transformation des données de houle en modèles spectraux est basée sur l'équation de spectre d'énergie de la houle. Elle est exprimée comme suit (Goda, 1985) :

$$S(f) = 0{,}257 \, (H_{1/3})^2 \, T_{1/3} \, (T_{1/3} \, f)^{-5} \exp[-1{,}03(T_{1/3} \, f)^{-4}]$$

Où :

S (f) : spectre de fréquence

$H_{1/3}$: hauteur significative de la houle

f : fréquence discrète

$T_{1/3}$: période significative de la houle

$T_{1/3} = 1/(1{,}05 \, fp)$

fp : pic de fréquence des vagues

Pour calculer l'énergie du spectre des vagues, exprimée comme le produit du spectre de fréquence S(f) et de la direction de propagation de la houle G(f, θ), l'équation ci-dessous a été appliquée :

$$S(f, \theta) = S(f) \, G(f, \theta)$$

Avec $G(f, \theta) = G_0 \cos 2s \, (\theta/2)$

Où :

θ: angle azimut relatif à la direction principale de la houle ;

G_0 : constante qui dépend de θ et s ;

s : paramètre lié à la vitesse et à la fréquence du vent à la côte, avec :

$$s = s_{max}.(f/fp)^5, \text{ si } f \leq fp$$
$$s = s_{max}.(f/fp)^{-2,5}, \text{ si } f \geq fp$$

131

$$smax = 11,5 \ (2\pi \ fp \ U/g)^{-2,5}$$

où   U: vitesse du vent (m /s)

      g : pesanteur

La constante G_0 est calculé à partir de la relation suivante (Goda, 1985) :

$$G_0 = [\int_{\theta \ min}^{\theta \ max} cos^{2 \ s}(\theta/2) \ d \ \theta]^{-1}$$

Où θ : angle de propagation de la houle

III.2.   Application du modèle STWAVE

La simulation de la propagation de la houle du large vers la côte, dans le secteur d'étude a été faite à l'aide du modèle STWAVE, sous l'interface SMS.9.2, en utilisant la bathymétrie digitalisée à partir de la carte marine de 1881 (Figure 56) et en considérant les conditions des houles dominantes, avec les valeurs moyennes de la hauteur et de la période (Tableau 8).

Les résultats des simulations obtenus ont permis de déterminer les caractéristiques des houles au déferlement (hauteur, période et direction). Ces résultats seront utilisés par le modèle GENESIS dans le calcul du taux transit littoral.

III.2.1.   Simulation de la propagation de la houle du secteur Nord-Ouest

La carte d'iso-amplitude de la houle du secteur Nord-Ouest (H = 6m et T = 12s), montre que les vecteurs de houle à la côte ont subi une déviation par rapport à leur direction initiale (Figure 57), qui est due au phénomène de réfraction. En effet, les isobathes deviennent, prés du rivage, plus ou moins parallèles aux lignes de crêtes des houles, avec un rapprochement des orthogonales (lignes perpendiculaires aux lignes de crêtes) au niveau de la plage El Morjene et au niveau du cap Borj Arif et un éloignement dans la zone sous le vent du port de Tabarka.

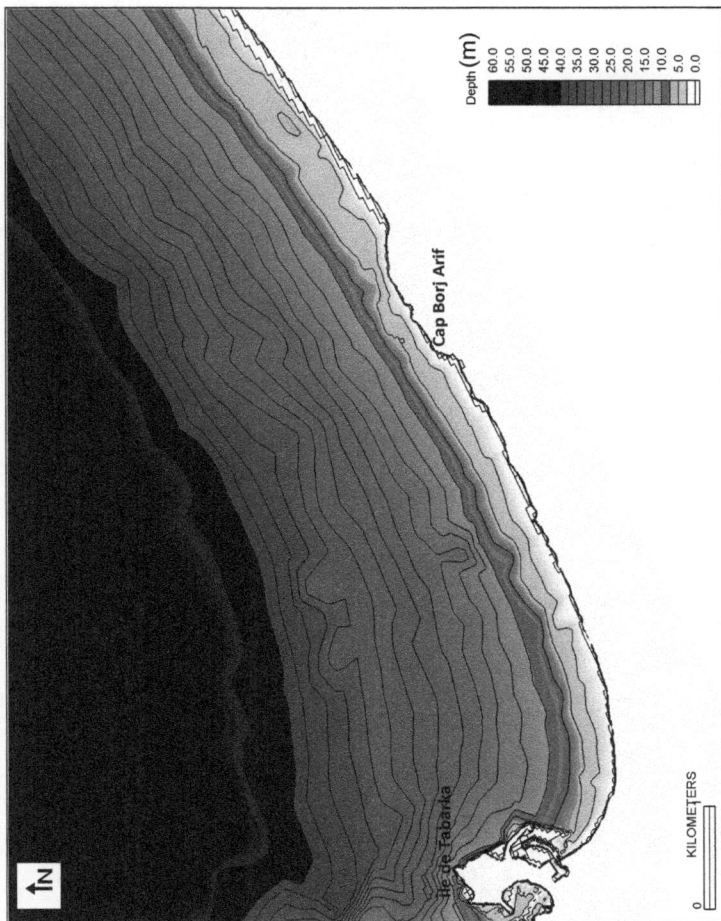

Figure 56. Carte de la bathymétrie du littoral Tabarka-Berkoukech, établie par STWAVE.

133

La hauteur de la houle atteint un maximum au niveau de la côte rocheuse, à 8m de profondeur, puis décroît de manière très rapide. Cette diminution correspond à une importante perte d'énergie : c'est le déferlement, dont l'apparition provoque une dissipation d'énergie. La houle déferle à une profondeur qui varie entre 5 et 8 m, avec une amplitude comprise, respectivement, entre 3,5 m et 5,6 m.

En plus du phénomène de réfraction, les houles du secteur Nord- Ouest subissent une diffraction au niveau de la digue du port de Tabarka, en contournant " l'île de Tabarka ". Ce phénomène se manifeste par un groupe de vecteurs de houle espacés, qui divergent vers la terre, sous le vent du port.

Tableau 8. Amplitudes et périodes moyennes des houles au large, utilisées par le modèle STWAVE

Direction	Amplitude (H) (en m)	Période (T) (en s)
N	3	11
NNW	5.5	8
NW	6	12
W	3	8
NE	3	8

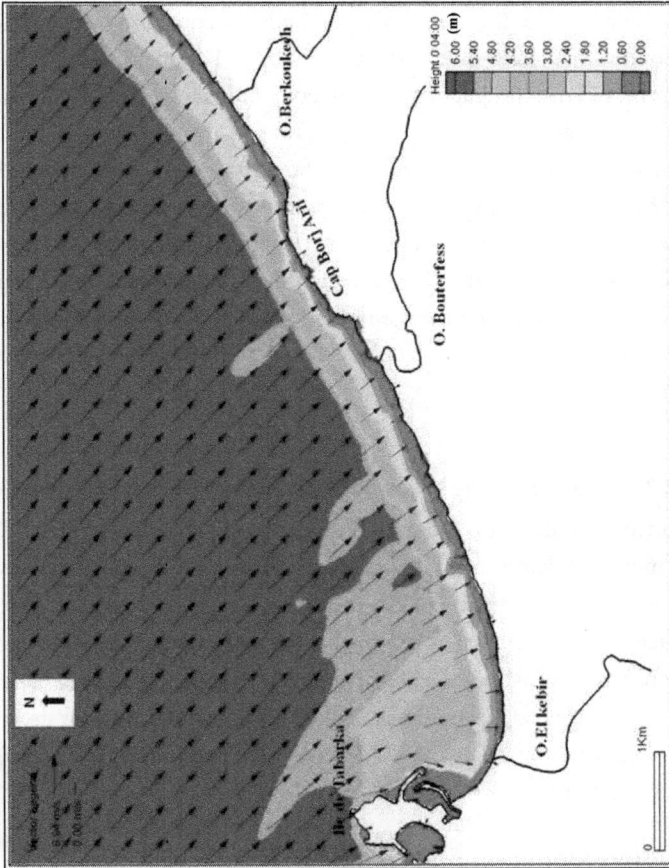

Figure 57. Carte de répartition spatiale de la hauteur de la houle de direction NW (H= 6m et T=12s), le long du littoral Tabarka-Berkoukech

134

III.2.2. Simulation de la propagation de la houle du secteur Nord – Est

La carte de propagation de la houle du secteur Nord-Est (H= 3 et T= 8s) montre que la réfraction débute à une profondeur comprise entre -5m et -6m de profondeur (Figure 58). Le déferlement de la houle est variable d'une zone à l'autre. Il a lieu à des profondeurs comprises entre 2,5 et 3,5 m, avec des hauteurs qui varient de 1,5 à 1,9 m. A partir de cette profondeur, et en se propageant vers la côte, la hauteur de la houle diminue après son déferlement.

La répartition spatiale des vecteurs de houle montre l'importance de leur obliquité par rapport à la ligne de rivage, qui peut se traduire par une assez importante amplitude de la houle. Au niveau de la plage d'el Morjene et du cap Borj Arif, on note une convergence des vecteurs des houles (Figure 58), qui se traduit par une forte énergie, alors que sous le vent du port, on note une divergence des vecteurs de houle traduisant une dissipation de l'énergie.

III.2.3. Simulation de la propagation de la houle du secteur Ouest

La répartition spatiale de l'amplitude de la houle du secteur ouest (Figure 59), montre une zone d'ombre, située sous le vent du port, qui est plus importante que celle enregistrée pour la houle du NW. Cette différence serait liée à l'ampleur du phénomène de diffraction. Dans le reste du secteur d'étude, ces houles subissent une réfraction très prés de rivage, comparée à celles des houles du secteur Nord-Ouest. La hauteur de la houle au déferlement varie de 0,7m à 1,9 m, pour des profondeurs comprises entre 1,3 et 2,8 m.

III.2.4. Simulation de la propagation de la houle du secteur Nord

Pour les houles du secteur Nord, la simulation de leur propagation du large vers la côte montre que les vecteurs de houle se trouvent perpendiculaires au trait de côte, ce qui indique un amortissement de la houle.

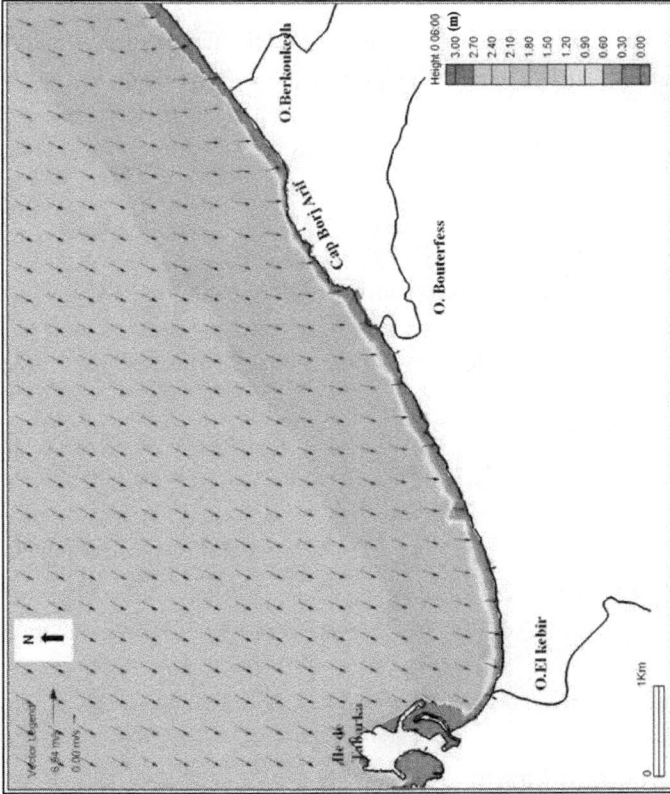

Figure 58. Carte de répartition spatiale de la hauteur de la houle de direction NE (H= 3m et T= 8s), le long du littoral Tabarka-Berkoukech.

137

L'amplitude de la houle du secteur Nord diminue brutalement à partir d'une profondeur comprise entre 2,5 et 4 m, où elle déferle avec une hauteur qui varie de 1,7 à 2,7m (Figure 60).

III.2.5. Simulation de la propagation de la houle du secteur Nord Nord –Ouest

La répartition spatiale de la hauteur de la houle du secteur NNW lors de sa propagation vers la côte, est similaire à celle de la houle du secteur NW. La réfraction de la houle commence à une profondeur comprise entre -7 et -9 m de profondeur (Figure 61).

III.2.6. Energie de dissipation

Le calcul de l'énergie dissipée suite au déferlement des houles dominantes des secteurs NE et NW (Figure 62 et), montre que le maximum se situe à une distance de la côte de 350 à 700 m, soit à des profondeurs variant de -5m à -9m.

La zone de " surf " (zone de forte dissipation d'énergie après le déferlement) est variable en fonction de la morphologie sous - marine du littoral Tabarka-Berkoukech. En effet, au niveau de la partie ouest de la côte (plage El Morjene), l'énergie de la houle diminue sensiblement, suite au déferlement, à environ 350 m de la côte, alors qu'au niveau de la plage de Berkoukech, la dissipation de l'énergie a lieu à 700m de la côte.

Le déferlement très prés du rivage induit une action érosive de la houle plus importante. Au niveau du cap gréseux de Borj Arif, on note une focalisation de l'énergie de la houle, ce qui explique son déferlement violent dans cette zone. Au contraire, dans la zone sous le vent du port de Tabarka, la houle s'épanouit et la hauteur diminue avec la profondeur. Les vagues déferlantes ont alors un faible creux, et une énergie relativement très faible est libérée.

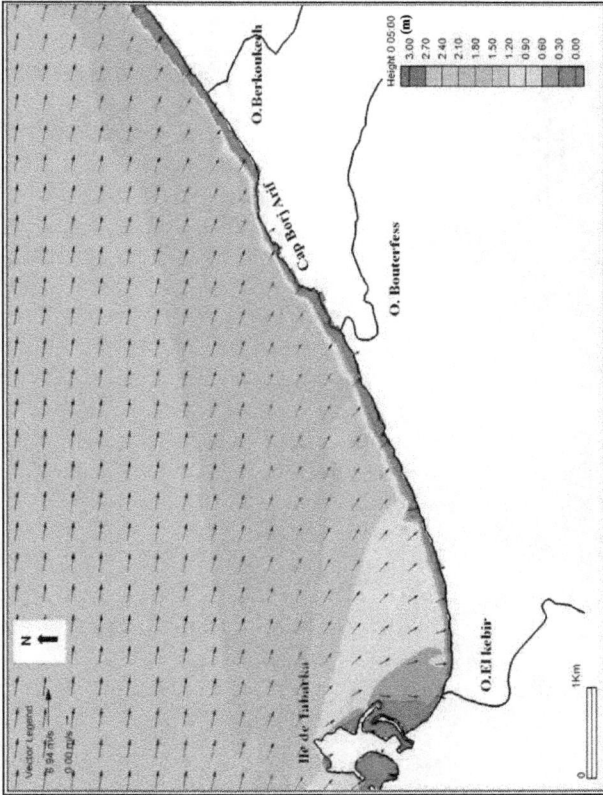

Figure 59. Carte de répartition spatiale de la hauteur de la houle de direction W
(H= 3m et T=8s), le long du littoral Tabarka-Berkoukech

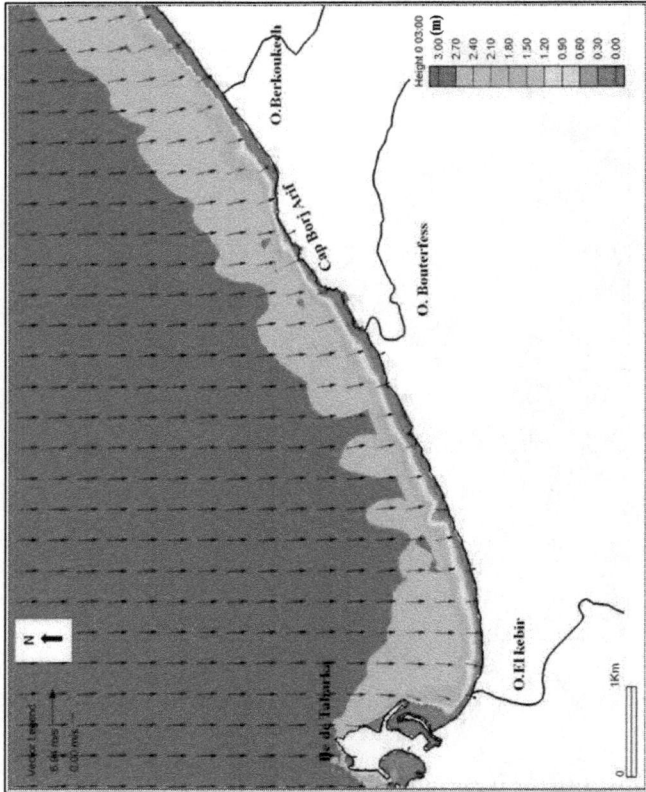

Figure 60. Carte de répartition spatiale de la hauteur de la houle de direction N
(H= 3m et T=8s), le long du littoral Tabarka-Berkoukech

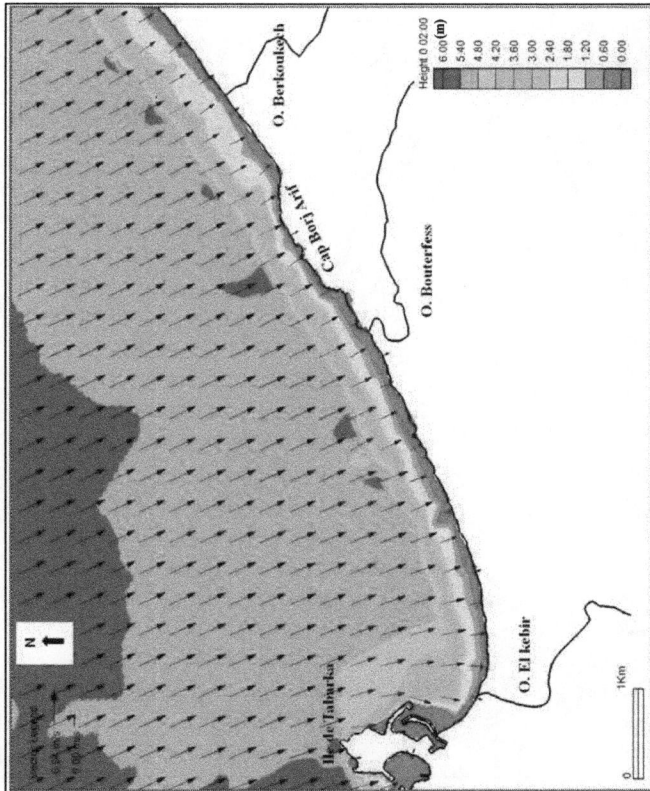

Figure 61. Carte de répartition spatiale de la hauteur de la houle de direction NNW
(H= 6m et T=12s), le long du littoral Tabarka-Berkoukech

141

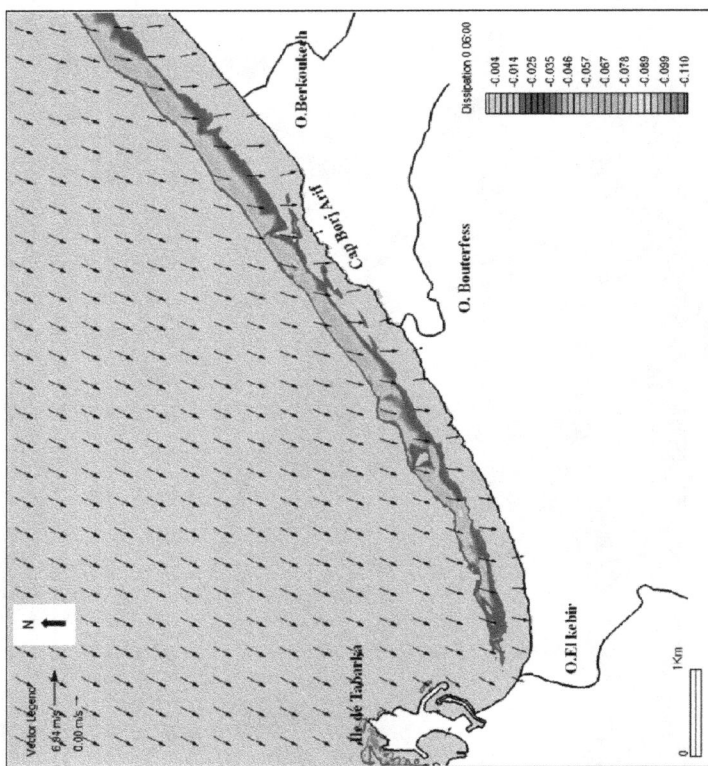

Figure 62. Carte de répartition de l'énergie de la houle du secteur NE

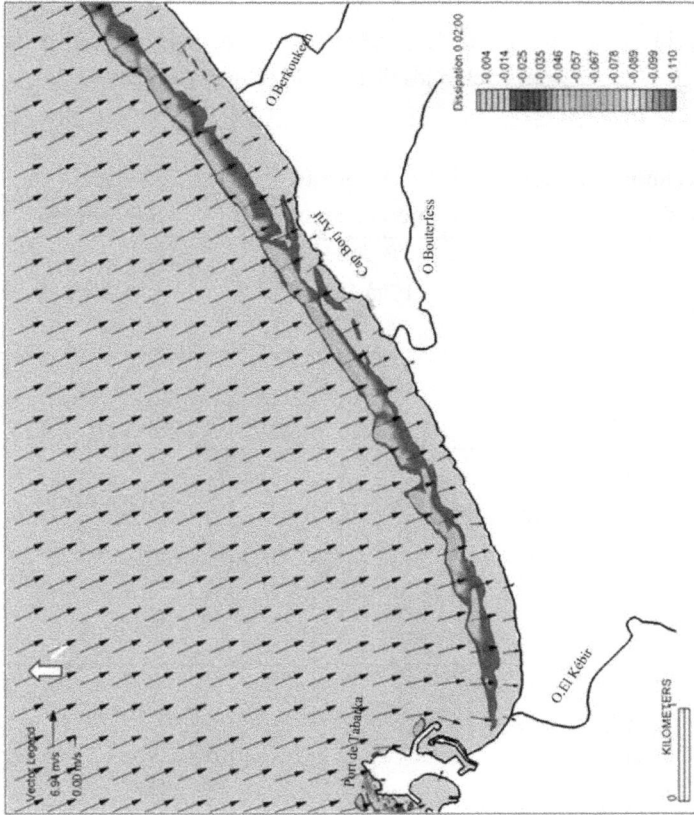

Figure 63. Carte de répartition de l'énergie de la houle du secteur NW

143

Les résultats des différentes simulations montrent que la hauteur de houle au déferlement est d'autant plus élevée que l'amplitude de houle incidente est importante. Le lieu de déferlement est d'autant plus éloigné de la plage que la houle incidente est forte (Tableau 9)

Tableau 9. Variation de la hauteur de houle et de la profondeur au déferlement selon les différents secteurs de la houle.

Secteur de la houle	Hauteur au déferlement	Profondeur au déferlement
NE (H_0 = 3m, T= 8s)	1,7 à 1,9 m	2,5 à 3 m
NW (H_0 = 6m, T= 12s)	3,5 à 5,6 m	5,25 à 8,25
NNW (H_0 = 6m, T= 12s)	2,5 à 5,4 m	3,75 à 8,1 m
N (H_0 = 3m, T= 8s)	1,7 à 2,7 m	2,5 à 4 m
W (H_0 = 3m, T= 12s)	0,7 à 1,9 m	1,33 à 2,85 m

IV.   APPLICATION DU MODÈLE GENESIS

Le modèle GENESIS a été appliqué pour la simulation de l'évolution spatio-temporelle du trait de côte de Tabarka –Berkouckeh à long terme, jusqu'à 2020.

Pour le calage et la validation du modèle, nous avons utilisé, respectivement, les ortho potos de 2001 et les images landsat7 de 2003.

Les paramètres de calage retenus, pour le calcul du transit sédimentaire, sont : k_1= 0,06 et k_2=0,05. Les résultats du calage et de la validation sont jugés satisfaisants, eu égard au très faible écart entre les observations et les calculs (Figure 64 et Figure 65).

Le modèle GENESIS a été ensuite appliqué afin d'examiner les tendances évolutives du littoral Tabarka-Berkoukech, à court terme, entre 2003 et 2013 et, à long terme, entre 2003 et 2020.

Les résultats de la simulation de l'évolution spatio-temporelle de la ligne de rivage, entre le port de Tabarka et l'embouchure de l'oued Berkoukech, ont conduit aux mêmes délimitations des zones en érosion ou en accrétion, que celles identifiées par comparaison des lignes de côte obtenues par assemblage des photos aériennes de 1963, de 1989 et de 2001. Les vitesses de recul ou d'avancée du trait de côte calculées, sont très proches de celles mesurées.

IV.1.   Simulation de l'évolution du trait de côte

IV.1.1.   *Entre 2003 et 2013*

Les résultats de la simulation de l'évolution du trait de côte entre 2003 et 2013, ont permis de subdiviser le secteur d'étude en quatre zones (Figure 66), de l'ouest vers l'Est:

1) une première zone, située entre le port de Tabarka et l'hôtel d'El Morjene, et qui s'étend sur environ 2800 m de longueur, où on enregistre une accrétion suivie d'érosion :

- un engraissement important est enregistré entre le port de Tabarka et l'embouchure de l'oued el kébir, avec une avancée de la ligne de rivage qui atteint 146 m, soit une vitesse de sédimentation de 14,6m/an.
- une érosion est enregistrée entre l'embouchure de l'oued el kébir et l'hôtel d'el Morjene, sur 1800 m de longueur, avec un recul du trait de côte de -1,8 m à- 47 m, soit une vitesse de -0,18 à -4,7 m/an.

2) une deuxième zone, juste à l'Est de la précédente, qui s'étend sur un linéaire de côte de 2,6 Km jusqu' au cap de Borj Arif, où la ligne de rivage montre, dans l'ensemble, une tendance à l'érosion, avec un recul du trait de côte de -1,2 à -27m, soit une vitesse de 0,12 à -2,7 m/an. Les deux extrémités de cette zone montrent une certaine stabilité voire une légère accrétion, soit une vitesse de 0,12 à 0,97 m/an.

3) le cap gréseux de Borj Arif, correspond à la troisième zone, où la ligne de rivage est plus ou moins stable.

4) une quatrième zone, localisée entre le cap gréseux et l'embouchure de l'oued Berkoukech, où la ligne de rivage, d'une longueur de 1,5 km, est, dans l'ensemble, stable voire en très légère accrétion.

IV.1.2. *Entre 2003 et 2020*

Les résultats de la simulation de l'évolution du trait de côte de 2003 à 2020 (Figure 67), ont conduit à la même zonation que celle relative à la période 2003-2013 :

Dans la zone 1, on enregistre les mêmes tendances évolutives que celles enregistrées pendant de la période 2003-2013. En effet, la progradation de la côte continue, avec une avancée de 7,4 m à 254m, soit une vitesse de 0,4 à 14,9 m/an, qui est presque la même que celle enregistrée pendant de la période 2003-2013. Le deuxième secteur de la zone 1 montre un recul du trait de côte de -5 à -75,1m, soit une vitesse d'érosion de 0,3 à 4,4 m/an.

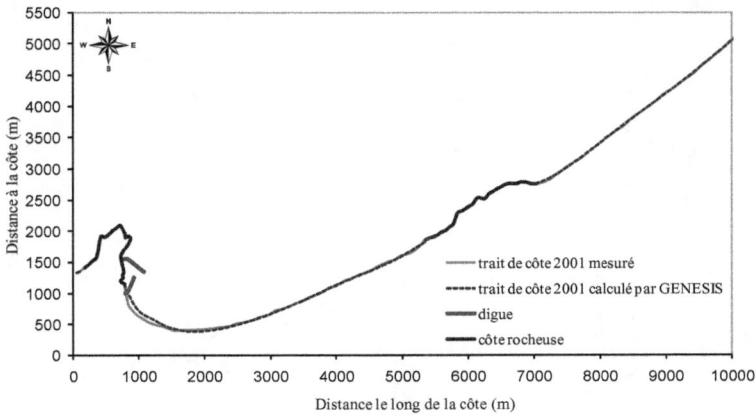

Figure 64. Calage du modèle GENESIS par les ortho-photos de 2001.

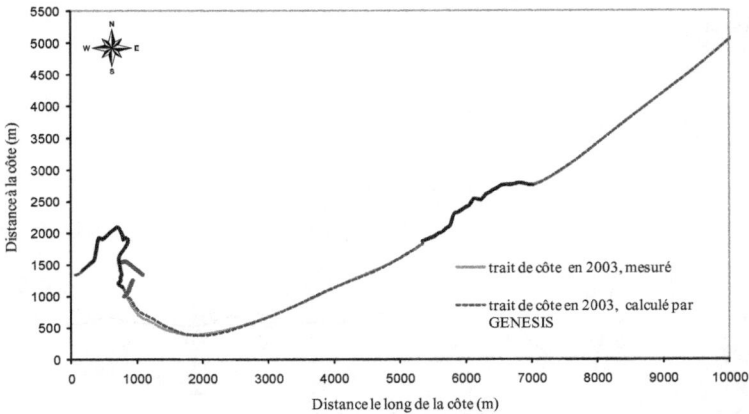

Figure 65. Validation de la position du trait de côte calculé en 2003 par
GENESIS.

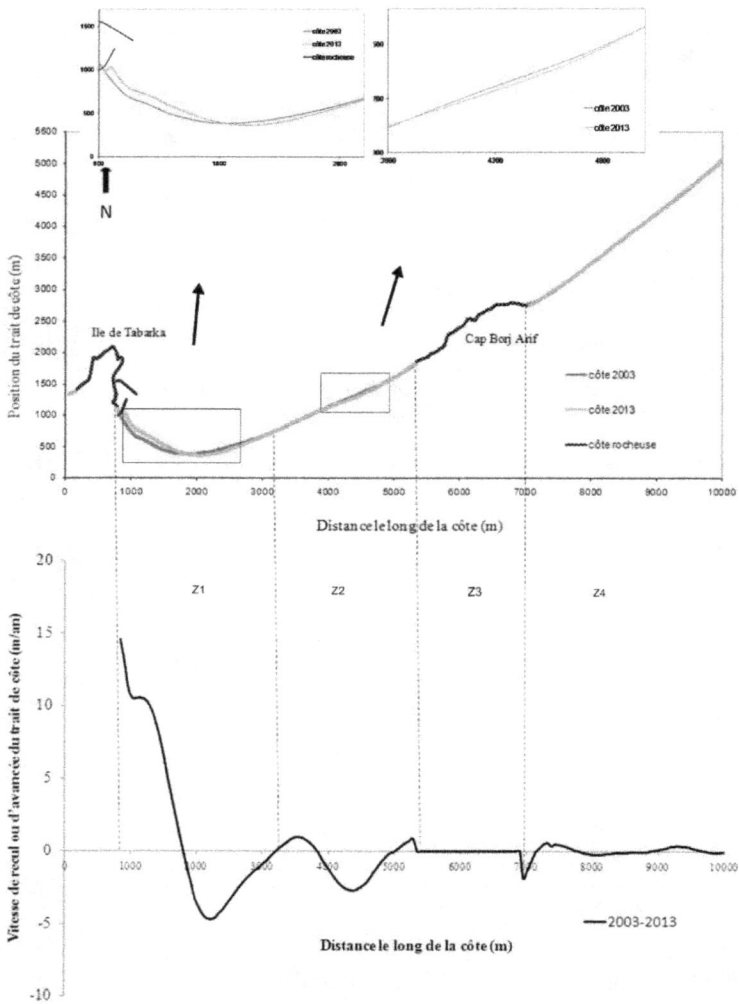

Figure 66. Position du trait de côte simulé par le modèle GENESIS, entre 2003 et 2013

La zone 2 montre aussi la même tendance évolutive que celle enregistrée pour la période 2003-2013 :

- une légère accrétion au niveau de ses deux extrémités, avec une vitesse de sédimentation variant de 0,09 à 1,24m/an ;

- dans la partie centrale de cette zone, on prévoit un recul de la ligne de rivage côte de -4,3 à -47,2 m, soit une vitesse variant entre 0,25 et 2,7m/an.

Au niveau de la troisième zone, la côte est stable

Dans la zone 4, La ligne de rivage ne montre pas une évolution significative, puisqu'on prévoit une certaine stabilité.

IV.2.   Simulation du transit sédimentaire

Les résultats des simulations de taux de transport solide, obtenus par le modèle GENESIS, sont exprimés sous forme de Gross transport, Net transport (transport net), Left transport (transport vers l'Ouest) et de Right transport (transport vers l'Est)

Le Gross transport (Qg) est défini comme étant la somme entre le transport vers l'Ouest (Left transport) et le transport vers l'Est (Right transport), pour une période donnée, pour chaque cellule de la grille :

$$Qg = Qrt + Qlt$$

Le Gross transport est toujours positif. Il n'est pas lié à la direction du transit, mais donne la quantité des sédiments transportés quelque soit la direction du transport.

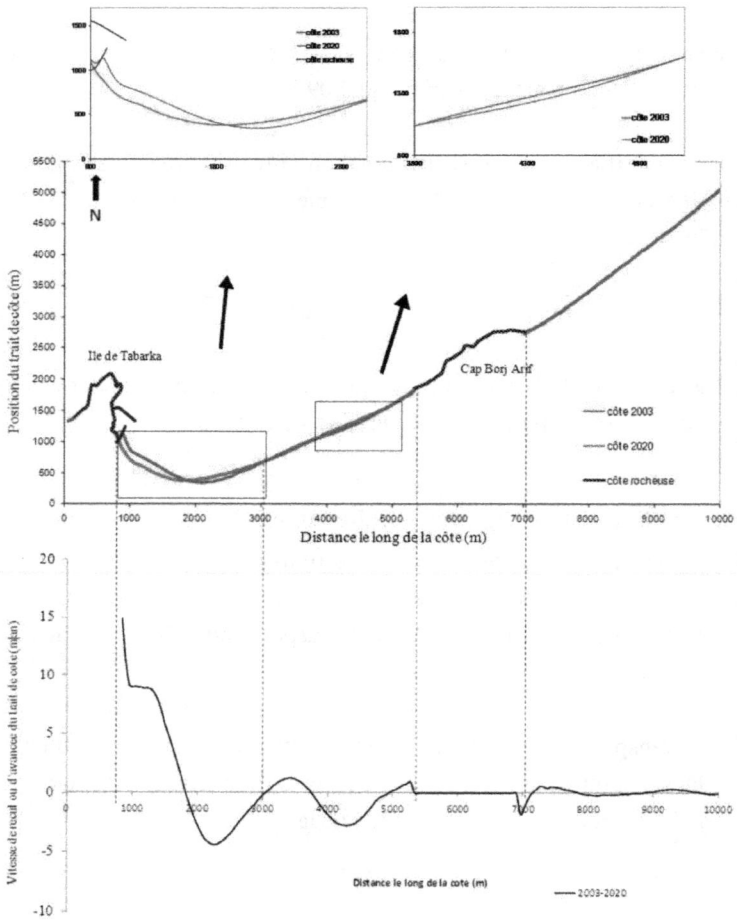

Figure 67. Position du trait de côte simulé par le modèle GENESIS, entre
2003 et 2020

Le Net transport (Qn) est la différence entre la quantité des sédiments transportés vers l'Est (Right transport) et celle transportée vers l'Ouest (Left transport), pour un temps donnée et pour chaque cellule de la grille :

$$Qn = Qrt - Qlt$$

Le Net transport permet de déterminer les directions du transit résultant.

Le Left et le Rignt transport (Qlt et Qrt) permettent de déterminer la quantité de sédiments transportés vers l'Ouest ou vers l'Est et pour chaque cellule de la grille.

Les résultats du calcul des transits littoraux, durant les années 2003, 2013 et 2020 (Figure 68 à Figure 71), montrent que le taux de transport solide vers l'Est (représenté par la courbe «Right») est négligeable, ce qui confirme que le transit d'Est vers l'ouest est largement dominant (représentée par la courbe «Left»). Cette direction du transit principal serait liée à l'obliquité de la houle dominante des secteurs NE.

Comme pour la prédiction de l'évolution du trait de côte, les simulations des transits littoraux ont été calculées pour les périodes 2003-2013 et 2003-2020.

IV.2.1.   Entre 2003 et 2013

La répartition spatiale du transport solide simulé pour l'année 2003 (Figure 72), montre la même zonation que celle relative à la simulation du trait de côte entre 2003 et 2013.

Dans la zone 1, le taux de transit augmente progressivement, en s'éloignant du port de Tabarka pour atteindre une valeur maximale de 226 500m^3/an, au niveau de la plage El Morjene, ensuite il diminue jusqu'à 126 000 m^3/an, au niveau de son extrémité Est. Cette variation témoigne d'une accrétion, juste sous le vent du port, suivie d'une assez importante érosion dans sa partie centrale, en face des constructions hôtelières.

Dans la zone 2, le taux du transit sédimentaire devient moins important par rapport à la zone 1. Il varie entre 85 000 m^3/an et 136 000 m^3/an.

151

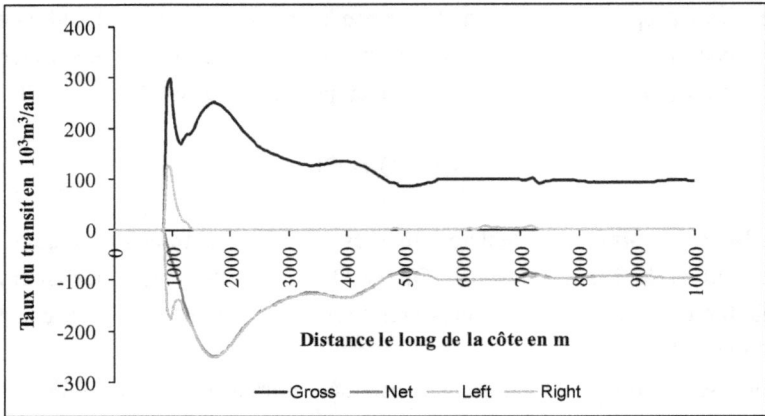

Figure 68. Evolution du taux de transit littoral calculé en 2003 (Left : vers le Port de Tabarka ; Right : vers l'oued Berkoukech ; Net : transit net ; Gross : module du transit total

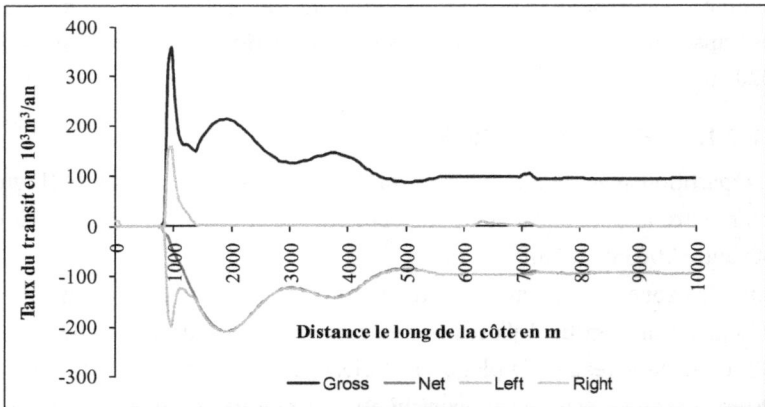

Figure 69. Evolution du taux de transit littoral calculé en 2013 (Left : vers le Port de Tabarka ; Right : vers l'oued Berkoukech ; Net : transit net ; Gross : module du transit total

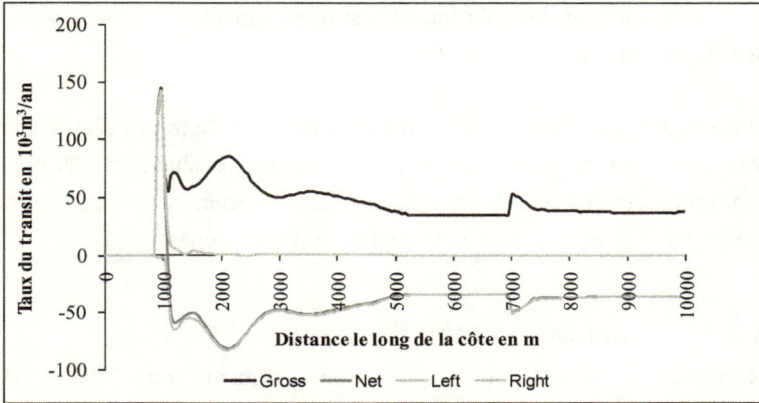

Figure 70. Evolution du taux de transit littoral calculé en 2020

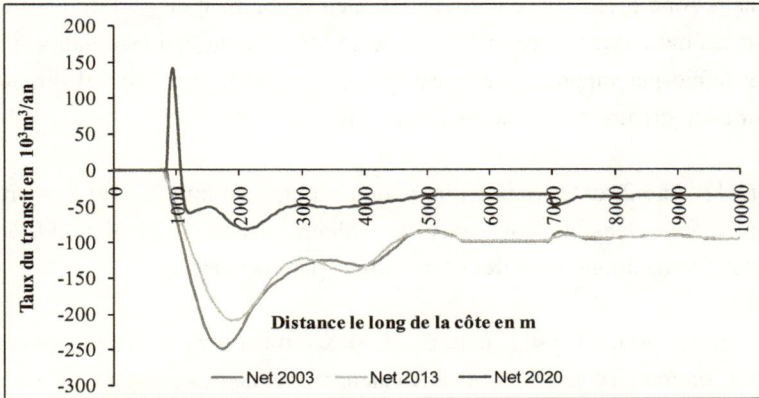

Figure 71. Comparaison du taux de transit net, en 2003, en 2013 et en 2020

On note un faible taux de transit dans les deux extrémités de cette zone, témoignant d'une certaine stabilité voire une légère accrétion. Par contre au centre de la zone, le taux de transit est relativement élevé indiquant une assez légère érosion.

Les zones 3 et 4 sont caractérisées par un faible taux de transit sédimentaire par rapport aux deux autres zones (1 et 2). Ce taux, évalué à 95 000 m^3/an, en moyenne est constant le long de ce linéaire côtier, ce qui traduit une certaine stabilité de la ligne de rivage dans ces deux zones.

IV.2.2.   Entre 2003 et 2020

Les résultats de la simulation du transit des sédiments entre 2003 et 2020 (Figure 73), montrent les mêmes tendances que celles enregistrées entre 2003 et 2013 :

Dans la zone 1, le taux de transit s'élève en s'éloignant du port de Tabarka, pour atteindre une valeur maximale de 157 000 m^3/an, qui est relativement plus faible par rapport à celle enregistrée en 2013. En suite, il diminue pour atteindre une valeur de 89 000 m^3/an.

Dans la zone 2, on note une diminution du taux de transit, par rapport à celui calculé dans la zone1, avec des valeurs variant de 59 500 à 90 500 m^3/an. Le maximum est enregistré dans sa partie centrale.

Le long des zones 3 et 4, le taux de transit sédimentaire est moins important et plus ou moins constant, avec une valeur moyenne de 65 000 m^3/an.

L'évolution de la position de la ligne de rivage et celle du taux de transit sédimentaire en fonction de la distance le long de la côte, a permis de mettre en évidence l'évolution regressive des plages d'El Morjene et de Bouterfess et la progradation de la plage d'El Corniche (Figure 72 et Figure 73).

Ce diagramme montre une bonne concordance entre la variation du trait de côte et le taux du transit littoral. En effet, les zones en érosion sont caractérisées par un taux de transit élevé, par contre celles en accrétion ont un faible taux de transit. Les simulations obtenues pour l'année 2020 (Figure 73) sont similaires à celles prévues en 2013, mais avec une diminution des valeurs des taux de transit par rapport à celles de 2013. Cette diminution, en fonction du temps, indique un recul de trait de côte moins important que celui enregistré en 2013.

Les taux de transit les plus élevées caractérisent les zones 2 et 3, qui sont les plus érodées. Ces deux zones sont marquées par un bilan sédimentaire déficitaire qui serait lié au transport de sédiments vers l'Est et vers l'Ouest, en relation avec les dérives littorales principale et secondaire   (Figure 72 et Figure 73). Le maximum d'accrétion est prévu dans la zone1, sous le vent du port, où le taux de transit est faible.

CONCLUSION

L'application du modèle STWAVE pour simuler la propagation de la houle du large. vers la côte dans la frange littorale Tabarka-Berkoukech, nous a permis de tirer les principales conclusions suivantes :

- Les modifications des caractéristiques des houles des secteurs NE et NO sont dues principalement au phénomène de réfraction et localement au phénomène de diffraction par la digue du port et « l'île de Tabarka ».
- Les vecteurs des houles (orthogonales par rapport aux lignes des crêtes) convergent au niveau du cap Borj Arif et dans la plage El Morjene, ce qui explique une concentration d'énergie et donc une érosion dans ce deux zones. Ceci est confirmé par l'étude diachronique de l'évolution du rivage qui montre que le trait de côte de la plage El Morjene a subi un recul de 5 à 69 m, pendant 26 ans (HALOUANI *et al*, 2007).
- le maximum de l'énergie dissipée suite au déferlement se fait dans la zone de surf, ou sa largeur est variable le long de la côte.

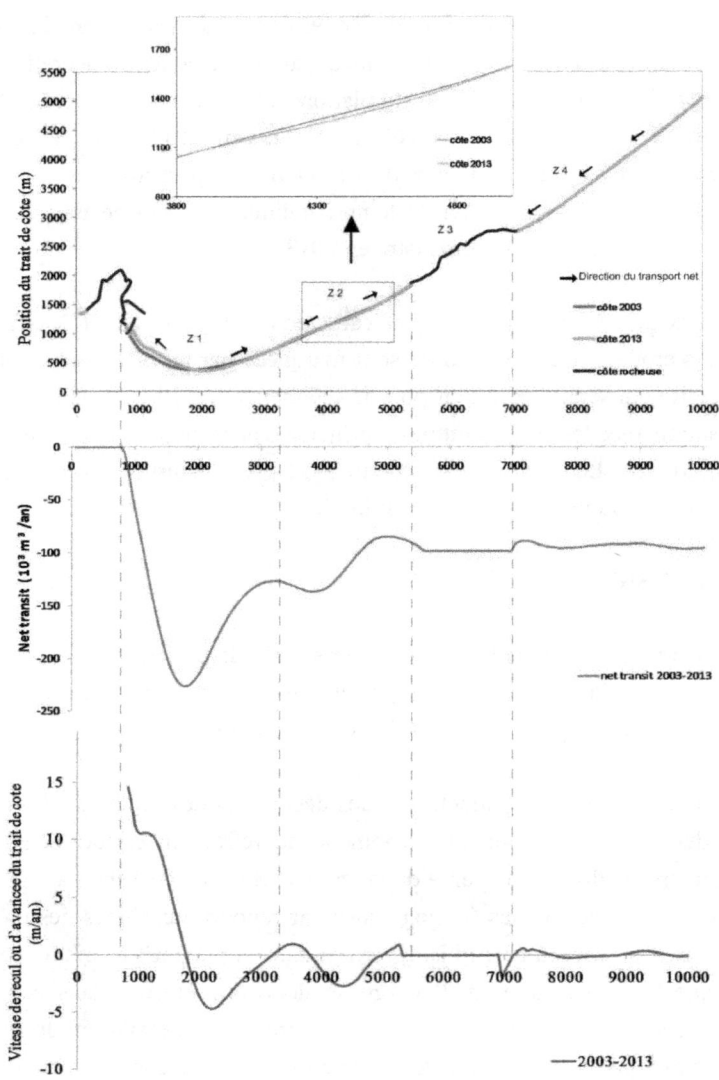

Figure 72. Variation de la position du trait de côte entre 2003 et 2013 et du transit net correspondant, en fonction de la distance le long de la côte.

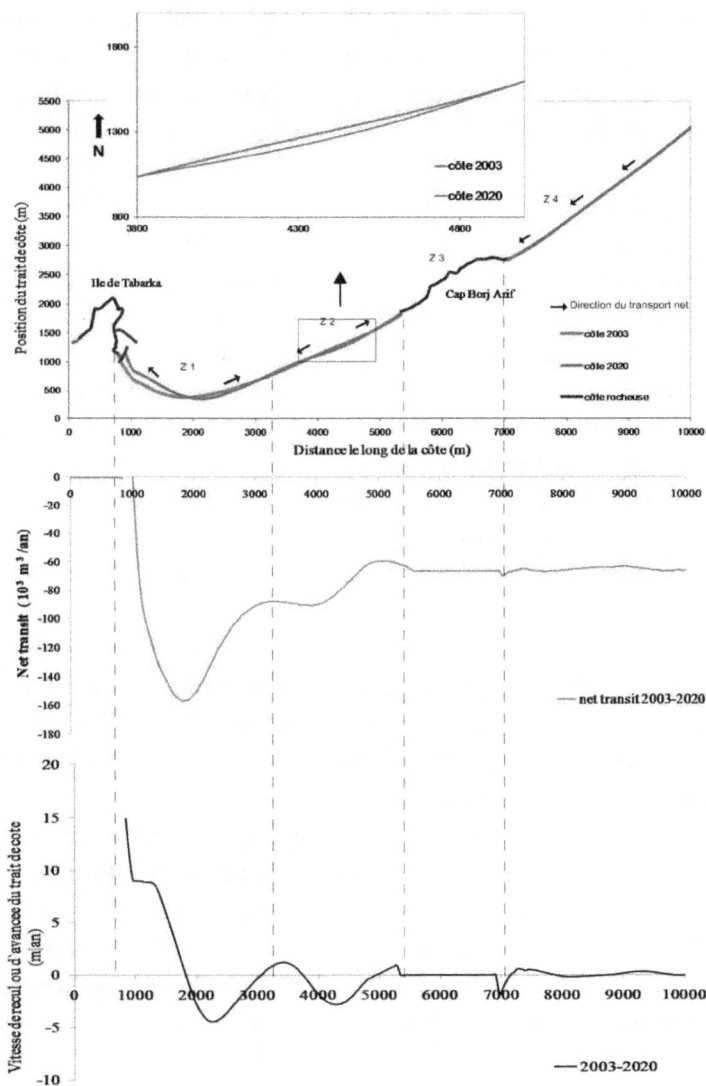

Figure 73. Variation de la position du trait de côte entre 2003 et 2020 et du transit net correspondant, en fonction de la distance le long de la côte.

Les résultats obtenus par le modèle STWAVE (hauteur, période et direction de la houle, au déferlement) ont été utilisées par le modèle GENESIS, pour simuler le transport sédimentaire et pour prévoir l'évolution du trait côte à moyen terme jusqu' à 2013, et à long terme jusqu'à 2020.

Les simulations de l'évolution de la ligne de rivage de Tabarka-Berkoukech, entre 2003 et 2013, d'une part, et entre 2003 et 2020, d'autre part, ont montré la même zonation que celle enregistrée dans l'étude diachronique du trait de cote, pour la période 1963-2001. En effet, sous le vent du port, la ligne de côte continue à prograder, avec une vitesse qui peut atteindre une valeur prévue de 14,9m/an, alors qu'au niveau de la plage d'El Morjene, la côte continue à s'éroder. Ce recul du trait de côte simulé varie dans l'espace et peut atteindre 75m en 17ans, soit environ 4,4m/an. Dans le reste du secteur d'étude, la côte serait stable, à l'exception de la zone 2, principalement dans la plage de Bouterfess, où le modèle prévoit un recul du trait de côte , sur une distance de 1km, de -4,3 à -47,2 m, soit une vitesse variant entre 0,25 et 2,7m/an.

La comparaison entre l'évolution du trait de côte et celle des transits sédimentaires simulés, a montré que les zones érodées, en particulier celle située au niveau de la plage d'el Morjene et celle de Bouterfess sont caractérisées par un transit littoral important, alors que le zones stables ou en accrétion sont caractérisées par un faible transit littoral.

Le taux du transit littoral élevé est en rapport avec une concentration de l'énergie de la houle (convergence des vecteurs des houles) et avec une pente sous-marine relativement forte. En effet, l'énergie dissipée suite au déferlement dans une zone de surf étroite, provoque un transit littoral important et par conséquent une érosion plus prononcée. Par contre, dans une zone de surf étendue, l'énergie de la houle est dissipée favorisant un faible transport et par conséquent une sédimentation.

La quantification du transport sédimentaire a montré que transit littoral résultant le long de la côte Tabarka-Berkoukech, est de direction Est-Ouest, avec une valeur moyenne estimée à 72 000 m^3/an, pour la période simulée 2003-2020.

CONCLUSIONS GENERALES

CONLUSIONS GENERALES

Ce travail avait pour principaux objectifs d'identifier et d'analyser les facteurs naturels et anthropiques qui interviennent dans la dynamique sédimentaire de la frange littorale Tabarka-Berkoukech et, en conséquence, dans la variation spatio-temporelle de son trait de côte, afin de simuler son évolution morphodynamique à court et à long terme.

La frange littorale Tabarka-Berkoukech, de part sa morphologie variée, ses différents types de côte et sa topographie sous-marine irrégulière, a été subdivisée en quatre zones :

- une première zone qui s'étend du port de Tabarka jusqu'à la plage d'El Morjène, où la côte est sableuse ;
- une deuxième zone située entre la limite de la précédente et l'extrémité ouest du cap gréseux de Borj Arif, avec une côte rocheuse le long de laquelle s'adossent des criques sableuses ;
- une troisième zone qui correspond à la côte rocheuse du cap de Borj arif ;
- une quatrième zone qui correspond à la plage sableuse de Berkoukech, avec un important champ dunaire.

Les résultats des analyses granulométriques des sédiments des plages aériennes ont permis de tirer les conclusions suivantes :

- Ces sédiments sont formés principalement par des sables moyens, à l'exception de la zone sous le vent du port de Tabarka et les dunes de la plage de Berkoukech où la fraction des sables fins prédomine;
- La distribution spatiale des fractions granulométriques des sables montre un classement transversal décroissant, du bas de plage vers le haut de plage, et un granoclassement longitudinal décroissant, de l'Est vers l'Ouest, le long des zones 1 et 2, d'une part, et de la zone 4, d'autre part. Ces granoclassements sont liés à l'action des agents hydrodynamiques, d'une part, et l'action des vents de terre dominants, du secteur nord-ouest, en tant qu'agents d'érosion, de transport et de dépôt, d'autre part.

160

La répartition des différentes classes granulométriques des sédiments des petits fonds et les valeurs des indices de tri et d'asymétrie montrent :

- un granoclassement décroissant de la côte vers le large, à l'exception de la zone sous le vent du port de Tabarka, où les sédiments sont fins et multi-sources (transit sédimentaire, apport par l'oued Kebir et érosion de la côte rocheuse) et le long de la côte rocheuse de Borj Arif où la réfraction et, surtout, la réflexion de la houle, a conduit à la perturbation du classement granulométrique transversal;
- un granoclassement longitudinal décroissant, de l'Est vers l'Ouest, en relation avec le transit sédimentaire dominant, et avec une diminution de la vitesse des courants longitudinaux, selon cette direction. Ceci est confirmé par la diminution du Skewness et l'amélioration du triage des sédiments vers l'Est où la plage est dissipative et les fonds sont de faible pente.

L'étude diachronique de l'évolution de la ligne de rivage du littoral de Tabarka-Berkoukech, à l'aide de photographies aériennes de différentes missions, a permis d'apprécier l'évolution spatio-temporelle, dans les quatre zones délimitées, durant la période 1963 – 2001. La compilation et l'interprétation des résultats obtenus ont permis de tirer les conclusions suivantes :

- Dans la première zone, la plage d'El Corniche, située entre le port de Tabarka et l'embouchure de l'oued El Kebir montre une tendance à l'accrétion, entre 1963 et 1989, plus précisément suite à la construction du port de Tabarka, en 1970. Cette situation résulte de la perturbation ou de l'arrêt, par les jetées du port, du transit sédimentaire de la dérive littorale principale.
- La côte située entre l'embouchure de l'oued El Kebir et l'extrémité ouest de la plage d'El Morjène, où la pente des petits fonds est relativement forte, a subi la plus forte érosion, par rapport au reste du secteur, avec une vitesse du recul variant de 0,15 à 1,5 m/an pour la période 1963-2001. Ce recul de la ligne de rivage est lié au déficit

sédimentaire, qui est dû principalement à la multiplication des installations hôtelières en arrière de la plage, aux dépens du haut de plage et de la dune bordière.
- Les plages de Bouterfess et de Berkoukech sont stables ou en accrétion.

L'analyse de l'évolution spatio-temporelle de la topographie du fond marin, basée sur la superposition de la carte marine et des levés bathymétriques réalisés en 1996, entre le port de Tabarka et la plage d'El Morjène, a permis d'identifier les zones d'abaissement ou d'exhaussement et d'établir la relation entre l'érosion des petits fonds et celle de la plage aérienne. Les principales conclusions tirées sont les suivantes :

- Un abaissement du fond marin, de 1 à 4m, entre les isobathes - 2m et -7m dans l'ensemble du secteur concerné, à l'exception de la zone sous le vent du port de Tabarka où on a un exhaussement. le maximum d'érosion est enregistré en face de la plage d'El Morjène;
- Une nette correspondance entre l'abaissement du fond marin et le recul de la ligne de rivage.

La modélisation de la propagation de la houle du large vers la côte, par l'application du modèle STWAVE, a permis d'analyser les causes et les effets des modifications des paramètres de la houle. Les résultats obtenus ont permis d'appliquer le modèle GENESIS pour calculer le transport sédimentaire et pour simuler l'évolution du trait côte, à moyen terme jusqu' à 2013, et à long terme, jusqu'à 2020.

Les résultats des simulations de l'évolution de la ligne de rivage de Tabarka-Berkoukech, entre 2003 et 2013, d'une part, et entre 2003 et 2020, d'autre part, ont montré les mêmes tendances évolutives que celle enregistrée pendant la période 1963-2001. En effet, sous le vent du port, la ligne de côte continue à prograder, avec une vitesse qui peut atteindre une valeur de 14,9m/an, alors qu'au niveau de la plage d'El Morjene, la côte continue à s'éroder, avec un recul qui peut atteindre, par endroits, 75m en 17ans, soit environ 4,4m/an. Dans le reste du secteur d'étude, la côte restera stable, à l'exception de la zone 2, principalement la plage de Bouterfess, où le modèle prévoit un faible recul du trait de côte sur une distance de 1km et à une vitesse variant entre 0,25 et 2,7m/an.

La comparaison entre l'évolution du trait de côte et celle des transits sédimentaires simulés, a montré que les zones érodées, en particulier celles situées au niveau des plages d'el Morjene et de Bouterfess sont caractérisées par un transit littoral important, alors que le zones stables ou en accrétion sont caractérisées par un faible transit littoral.
Le taux du transit littoral élevé est en rapport avec une concentration de l'énergie de la houle (convergence des vecteurs des houles) et avec une pente sous-marine relativement forte. En effet, l'énergie dissipée suite au déferlement dans une zone de surf étroite, provoque un transit littoral important et par conséquent une érosion plus prononcée. Par contre, dans une zone de surf étendue, l'énergie de la houle est dissipée favorisant un faible transport et par conséquent une sédimentation.

La quantification du transport sédimentaire confirme que transit littoral principal le long de la côte Tabarka Berkoukech, est de direction Est-Ouest, avec une valeur moyenne estimée à 72 000 m^3/an, pour la période 2003-2020.

REFERENCES BIBLIOGRAPHIQUES

B

Battjes J A. et J P. Janssen (1978) - Energy loss and set-up due to breaking of randomwaves. Proc.23rd Int. Conf. Coastal Engineering, ASCE, pp. 569-587.

BCEOM/STUDI (1981) - Etude de l'extension des ports de pêche de Tabarka et Kelibia, problèmes de transit littoral et de sédimentation. Rapp.Int. 20 p et annexes.

Berthois L. (1975) – Les roches sédimentaires. Etude sédiment logique des roches meubles. Noin Ed., Paris, 278 p.

Bouillin J.P. (1986) - Le bassin maghrébin: une ancienne limite entre l'Europe et l'Afrique à l'Ouest des Alpes.Bulletin de la Société Géologique de France, 8, pp.547-558.

Boukaaba   M. (1997) - Etude de la stabilité du littoral de Tabaarka-Zouaraa. Mémoire DEA, Fac. Sc. Tunis, 115p.

Bruun P. (1954) - Coast Erosion and the Development of Beach Profiles. Technical Memorandum No 44. Beach Erosion Board. Washington, D.C.: U.S. Army Corps of Engineers, 79p.

C

Carr M.D. et Miller E.L. (1979).- Overthrust emplacement of the Numidien flysch complex in the westernmost Mogods Mountains, Tunisia. The Geological Society of America Bulletin, 90, pp.513-515.

CERC (2002) - Shore protection manual, Volume I and II, department of the army, US corps of Conf Coastal Engineering, A.S.C.E., New York, pp. 291-308.

Courtaud J. (2000) – Dynamiques géomorphologiques et risques littoraux. Cas du tombolo de giens (var, france méridionale)Thèse Doc,Xp. Université de Provence Aix-Marseille, 234p.

Crowell M., Douglas B.C., Leatherman S.P. (1997) – On forecasting future U.S. shoreline positions: a test of algorithms. Journal of Coastal Research, 13(4), pp.1245- 1255.

D

Dean R.G (1977) - Equilibrium beach profiles: U.S. Atlantic and Gulf coasts. Department of Civil Engineering, Ocean Engineering Report No. 12, University of Delaware, Newark, DE.

Dlala M. (1995) - Évolution géodynamique et tectonique superposées en Tunisie : sur l'implication tectonique récente et la sismicité.Thèse d'État, Faculté des Sciences de Tunis, 390p.

Durand P. (1999) - L'évolution des plages de l'Ouest du golfe du Lion au XXe siècle. Cinématique du trait de côte, dynamique sédimentaire, analyse prévisionnelle. Thèse de Doctorat, Université Lyon Π, 2 vol., 461 p.

F

Fathallah S. (2010)- Etude de la dynamique sédimentaire de la frange littorale Sousse- Monastir. Modélisation de l'évolution spatio-temporelle de son trait de côte. Thèse de Doctorat, Fac. Sc. Tunis, 162 p.

Farnole P. (2000)- Une reserve littorale pour le Tell septentrional Tunisien. Acte de colloque, VI [éme] Journées Nationales, Génie Civil , Génie Côtier, Caen France 17-19 Mai , pp 581-590.

Folk R.L et Ward W.C. (1957) - Brazos river bar: a study of significante of grain size parameters. J. Sediment. Petrol. 27, pp 3-26.

Folk R.L. (1964) - A review of grain size parameter, Sedimentology, 6, pp. 73-93.

Fourrier J. (1995) – Modélisation numérique de l'interaction houle–courant sédiment.Thèse de Doctorat, Institut National Polytechnique de Hochiminich (Vietnam), 156p.

Frizon de Lamotte D., Michard A. et Saddiqi O. (2006)- Quelques développements récents sur la géodynamique du Maghreb. Comptes Rendus GeoscienceS, 338, pp.92-114.

G

Gibeaut J., White W., Hetner T., Gutierrez R. et Tremblay T. (1998) – Rates of Gulf of Mexico shoreline change, Bureau of economic Geology, Univ of Texas at Austin, 87 p.

Gilbaeath S.A.(1995) – A numerical model simulation of longshore transport for Galveston Island, M.S. Thesis, Texas University, 157p.

Glaçon C et Rouvier H. (1967) - Précisions lithologiques et stratigraphiques sur le Numidien de Kroumirie (Tunisie septentrionale), Bull. Soc. Géol, France, 9, pp .410- 417.

Goda Y. (1985) - Random Seas and Design of Maritime Structures. University of Tokyo Press, Tokyo, Japan.

GOTTIS C. (1953) - Note sur l'âge des dunes d'Ouchtata, DRE.

166

Gravens M.B., Kraus N.C. et Hanson H. (1991) - GENESIS: Generalised Model for Simulating Shoreline Change-Report 2: Workbook and System Users' Manual, Technical Report CERC - 89-19, US Army Corps of Engineers Waterways Experiment Station. Coastal Engineering Research Center, Mississippi, 185p.

Grenier A. et Dubois J. M.M. (1990) - Évolution littorale récente par télédétection : synthèse méthodologique. Photo-interprétation, 6, pp. 3-16.

H

Hallermeier R.J. (1983) – Sand transport limits in coastal structure design, American Society of Civil Engineers, Proceeding of Coastal Structures, 83, pp.703-716.

Halouani N., Sabatier F., Gueddari M. et Fleury J. (2007) - Evolution du trait de côte de Tabarka-Bouterfess, Nord-Ouest de la Tunisie. Méditerranée N° 108: pp.131-137.

Hanson H. (1989) – Genesis –A generalized shoreline change numerical model, Journal of Coastal Research, 5, pp. 1-27.

Hanson H. et Kraus N.C. (1989) - GENESIS: Generalized model for simulating shoreline change, Vol. 1: Reference Manual and Users Guide, Technical Report CERC-89-19, Coastal Engineering Research Center, 247 pp.

HP (Hidrothecnica Portugesa) (1995) - Etude générale pour la protection du littoral tunisien. Rapport I-II-III-IV et V, Ministère de l'Equipement Tunisien, 300 p.

J

Jlassi F. (1993) - Risques naturels et problèmes d'environnement à Tabarka et ses environs. Mémoire C.A.R. Fac. Sc. Hum. Tunis, 170p.

Jonsson I.G. (1990) -Wave-current interactions. The sea. Chapter 3, Vol. 9, Part A, B. Le Mehaute and D. M. Hanes, ed. John Wiley & Sons, Inc.,New York.

K

Kaiser M. (2003) - a new approach to simulate shoreline changes, Nile delta, Egypt, pp 1-26.

Kallel R. (1979) - Bilan global des ressources en eau de surfaces du secteur Nefza-Ichkeul, Ministère de l'agriculture, Rapport.Int., 17 p.

Kraus N. C. et Harikai S. (1983) - Numerical model of the shoreline change at Oarai Beach. Coastal Engineering, 7, pp. 1-28.

L

LCHF (1978) - Etude des ports de pêche côtière. Ministère de l'Equipement et de l'Habitat (MEH) et Laboratoire Central d'Hydraulique de France (LCHF).Rapp.Int, 35p.

Levoy F. (1994) - Evolution et fonctionnement hydro-sédimentaire des plages macrotidales : l'exemple de la côte ouest du Cotentin. Thèse de 3ème cycle, Université de Caen, 424 p.

Liu J.T and Zarillo G.A (1989) - Distribution of grain sizes across a transgressive shoreface. Marine Geology, 87, pp.121-136.

M

Mahrsi C. (1987) - Contribution à l'étude sédimentologique et stratigraphique du flysh numidien de la Tunisie septentrionale. Mémoire DEA, Fac. Sci,Tunis, 137p.

Manaa M. (1987) -Contribution a l'étude hydrogéologique du flanc Sud-Est des dunes de Nefza (region d'Ouchtata). Thèse de Doctorat. Fac. Sci, Tunis, 260p.

Mason C.C. and Folk R.L. (1958) - Differentiation of beach, dune and aeolian flat environments by size analysis, Mustang Island, Texas, Journal of Sedimentary Petrology, 28, pp. 211-226.

Mendili A. (1992) - Système agro-sylvo-pastoral et aménagement rural dans la délégation rurale de Tabarka (Tunisie du Nord-Ouest). Thèse de Doctorat. Université Paul Valéry (Montpellier), 260 p.

Miche M. (1951) – Le pouvoir réfléchissant des ouvrages maritimes exposés à l'action de la houle. Annales des Ponts et Chaussées, 21, pp. 285-319.

Migniot C. (1989)- Hydrodynamique sédimentaire, érosion et sédimentation du littoral – 1 et 2^{éme} parties du cours E.N.T.P.E, Fac Sc d'Orsay – Paris- Sud, 285p.

Millot C. (1978) – Circulation in the Western Mediterranean Sea. Oceanologica Acta. Vol .10, N 2, pp. 143-149.

Miossec A. (1998)- Les littoraux entre nature et aménagement. CEDES Ed., 192p.

Molcard A., Gervasio L., Griffa A., Gasparini G.P., Mortier L. et Ozgomen T.M. (2002) - Numerical investigation of Sicily Channel dynamics: density currents and water mass advection. Journal of Marine System, 36, pp. 219-238.

Moore B. D. (1982) -Beach profile evolution in response to changes in water level and wave height, MCE thesis, Dep. of Civ. Eng., Univ. of Del., Newark.

O

Oueslati A. (1994) - Les côtes de la Tunisie, recherches sur leur évolution au Quaternaire. Doctorat Es-Sciences, F.L.S.H.T., 402 p.

Oueslati A. (2004) - Littoral et aménagement en Tunisie : des enseignements de l'expérience du vingtième siècle et de l'approche géoarchéologique à l'enquête prospective, Orbis. Tunis, 534 p.

Ould Bagga M.A, Abdeljaouad S et Mercier E. (2006) - La «zones des nappes» de Tunisie: une marge méso-cénozoïque en blocs basculés modérément inversée (région de Taberka/Jendouba; Tunisie nord-occidentle). Bulletin de la Société Géologique de France, 177, pp.145-154.

Ozasa H. et Brampton A.H. (1980) – Mathematical modeling of beaches backed by seawalls. Coastal Engineering, 4, pp. 47 – 64.

P

Paskoff R. (1992). Eroding Tunisian beaches: causes and mitigation. Bollettino di Oceanologia teorica ed applicata, 10, pp. 85-91.

Paskoff R. (1998) - Les littoraux. Impact des aménagements sur leur évolution. A. Colin, Paris, 257 p.

Paskoff R et Sanlaville .P (1983) - Les côtes de la Tunisie. Variations du niveau marin depuis le Tyrrhénien – ERA 345 DU CNRS-R, Ed Maison de l'Orient, 191p.

Passega R. (1957) – Texture as characteristic of clastic deposition. Ann. Ass. Petrol.Geol., vol.41, pp. 1952-1984.

Passega R. (1977) - Significance of CM diagrams of sediment deposited by suspension, Sedimentology, 24, pp.723-733.

R

Rehault J.P ; Boillot G et Mauffret A. (1984) - The western mediterranean basin geological evolution, Marine Geology, 55, pp. 447-477.

Resio D.T. (1987) - Shallow-water waves. I: Theory, Journal of Waterway, Port, Coastal, and Ocean Engineering 113(3), pp. 264– 281.

Resio D.T. (1988 a) - Shallow-water waves. II: Data comparisons, Journal of Waterway, Port, Coastal, and Ocean Engineering ,114(1) pp.50– 65.

Resio D.T. (1988 b) - A steady-state wave model for coastal applications. Proc. 21st Int. Conf. Coastal Engineering. ASCE, pp. 929–94.

Rouvier H. (1977) - Géologie de l'extrême Nord Tunisien : tectoniques et paléogéographiques superposées à l'extrémité orientale de chaîne maghrébine, Thèse de doctorat d'état, 898 p.

S

Saadaoui M. (1995) - Erosion et transport solide en Tunisie, mesure et prévision du transport solide dans les basins versants et de l'envasement dans les retenues de barrages. Ministère de l'Agriculture, Direction des Ressources en Eau, Rapport Int. ,30p.

Sabatier F. (2001) - Fonctionnement et dynamiques morpho-sédimentaires du littoral des Sediments. News Orleans, USA, pp.468-483.

Smith J. M., Sherlock A.R et Resio D.T. (2001) - STWAVE: Steady-State Spectral Wave Model, user's manual for STWAVE, Version 3.0. USACE. Engineer Research and Development Center, Technical Report ERDC/CHL SR-01-1, Vicksburg, MS 80.

Solignac M. (1927) - Etude géologique de la Tunisie septentrionale. Dir. Gén. Trav. Pub (Serv. Min), Thèse d'Etat.Dict.Sci., Lyon,756p.

Suanez S. (1997) - Dynamiques sédimentaires actuelles et récentes de la frange orientale du delta du Rhône. Thèse de Doctorat de Géographie, Université d'Aix-Marseille I, 282 p.

T

Talbi O. (2006) - Modélisation de l'érosion côtière : évolution de la ligne de côte, Master Univ. Tunis II, ENIT. Tunis, 91p.

Thieler E.R, Himmelstoss E.A, Zichichi J.L. et Miller T.L. (2005) - Digital Shoreline Analysis System (DSAS) version 3.0. An Arc GIS extension for calculating shoreline change. U.S. Geological Survey Open-File. Report 2005-1304.

Thieller E.R. et Danforth W.W (1994) - Historical shoreline mapping (II): application of the digital shoreline mapping and analysis systems (DSMS/DSAS) to shoreline change mapping in Puerto Rico. Journal of Coastal Research, Vol. 10, N° 3, pp.600 - 620.

U

USACE: U.S. Army Corps of Engineers (1992) - Coastal Groins and nearshore breakwaters, Engineer Manual, Washington, pp. 1110 – 1617.

V

Vanhee S. (2002)- Processus de transport éolien à l'interface plage macrotidale - dune bordière : le cas des plages à barres intertidales, Côte d'Opale, Nord de la France. Thèse de Doctorat, Université du Littoral Côte d'Opale, 233p.

W

Wang P., Kraus N.C. et Davis R.A. (1998) - Total longshore sediment transport rate in the surf zone: field measurements and empirical predictions, Journal of coastal research, 14(1), pp. 269-282.

Watts A.B. et Platt J.P. (1993) - Tectonic evolution of the Alboran Sea basin. Basin Research, 5, pp. 153-177.

Wentworth C.K. (1922) – A scale of grade and class terms for clastic sediments.J.Geol., 30, pp. 377-392.

Wright L. D. et Short A. D. (1984)- Morphodynamic variability of surf zones and beaches: a synthesis. Marine Geology, 56, p. 93-118.

Y

Young R.S., Pilkey O.H., Bush D.M et Thieler E.R. (1995) – A discussion of Generalized Model for Simulating Shoreline Change (GENESIS).Journal of Coastal Research, 3(11), pp. 875- 886.

ANNEXES

Courbes de fréquence et courbes cumulatives des sédiments prélevés dans la zone 1, la zone 2, et la zone 4 de la plage aérienne de Tabarka-Berkoukech, en Avril 2006 et 2007, et en Août 2006 et 2007.

Courbes de fréquence et courbes cumulatives des sédiments des petits fonds de la frange littorale Tabarka-Berkoukech, en Avril 2006 et 2007, et en Août 2006 et 2007

ANNEXE 1

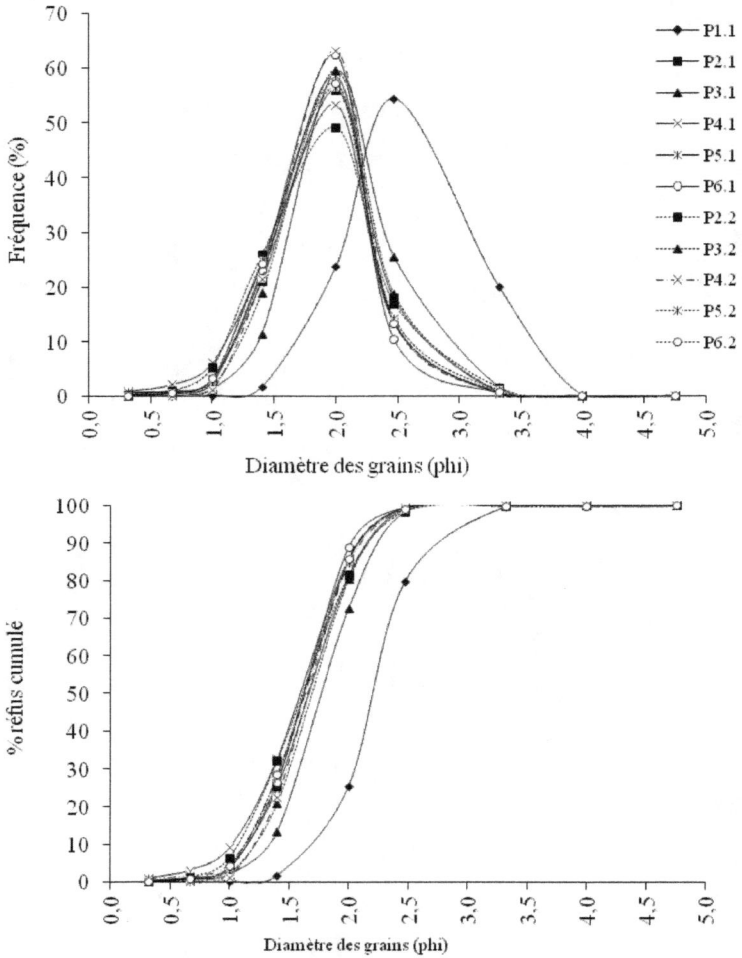

Figure 74.Courbes de fréquences et courbes cumulatives des sédiments de
la zone 1, pendant le mois d'Avril 2006

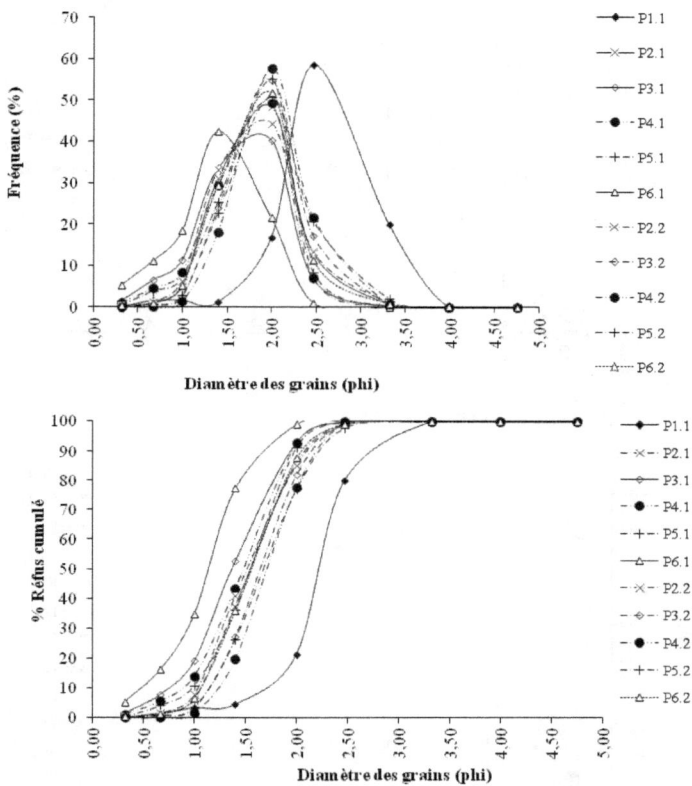

Figure 75.Courbes de fréquences et courbes cumulatives des sédiments de la zone 1, pendant le mois d'Août 2006

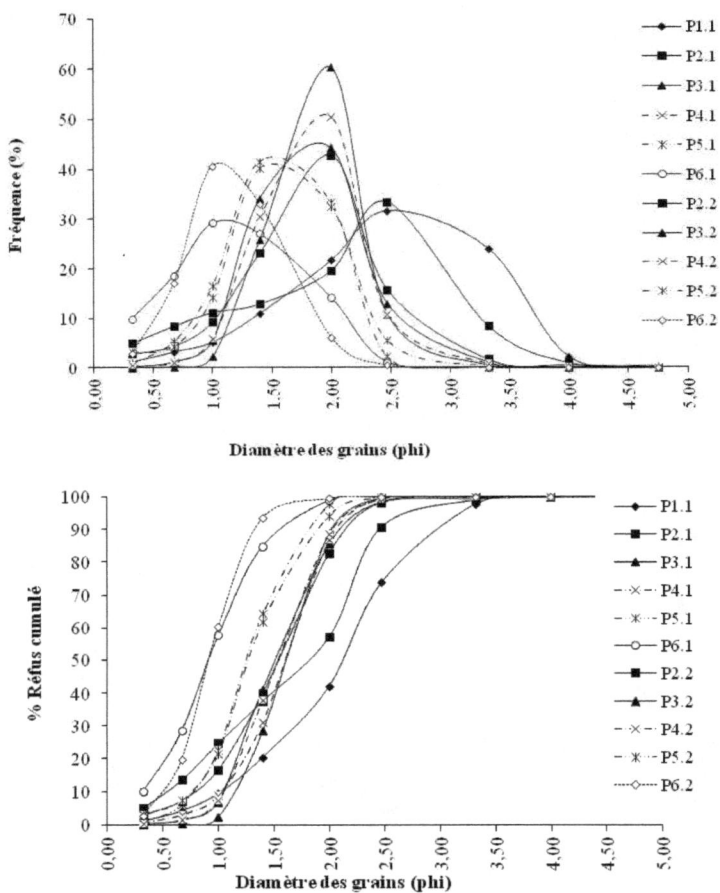

Figure 76.Courbes de fréquences et courbes cumulatives des sédiments de
la zone 1, pendant le mois d'Avril 2007

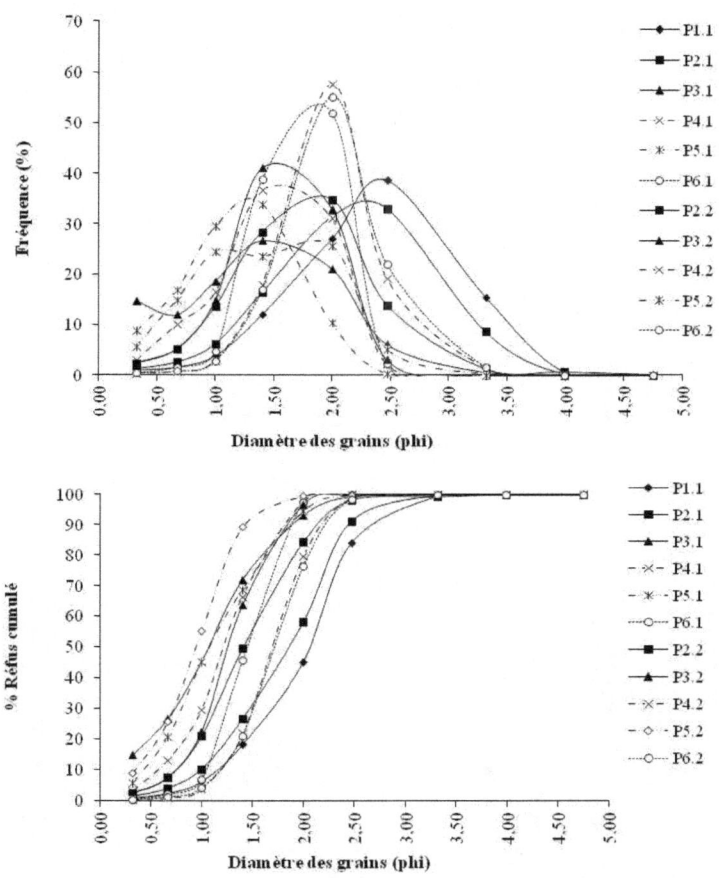

Figure 77.Courbes de fréquences et courbes cumulatives des sédiments de la zone 1, pendant le mois d'Août 2007

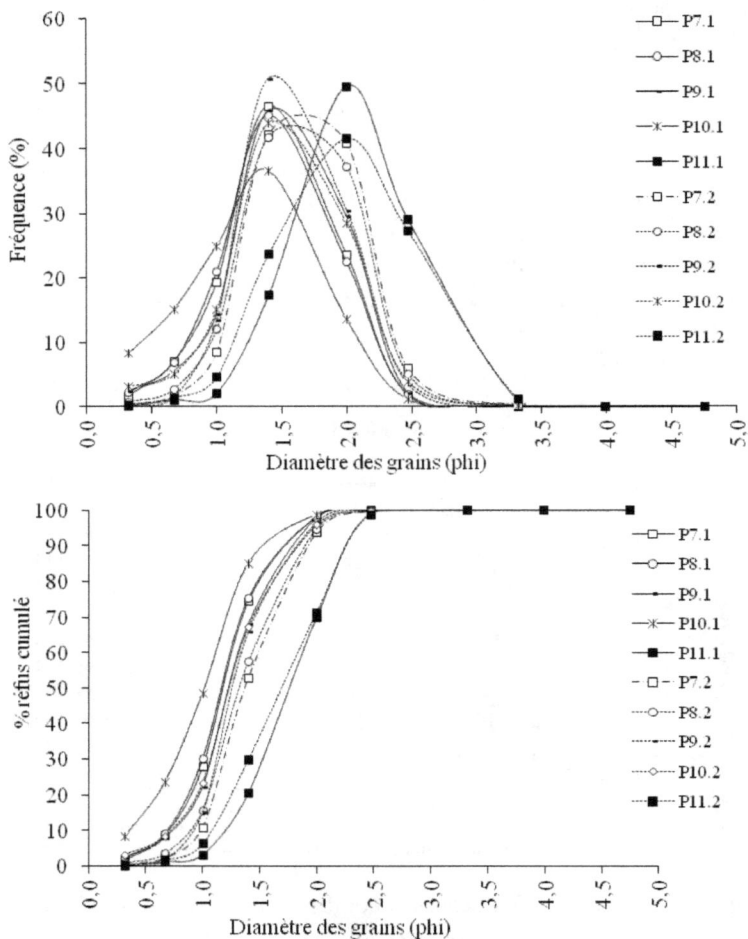

Figure 78.Courbes de fréquences et courbes cumulatives des sédiments de la zone 2, pendant le mois d'Avril 2006

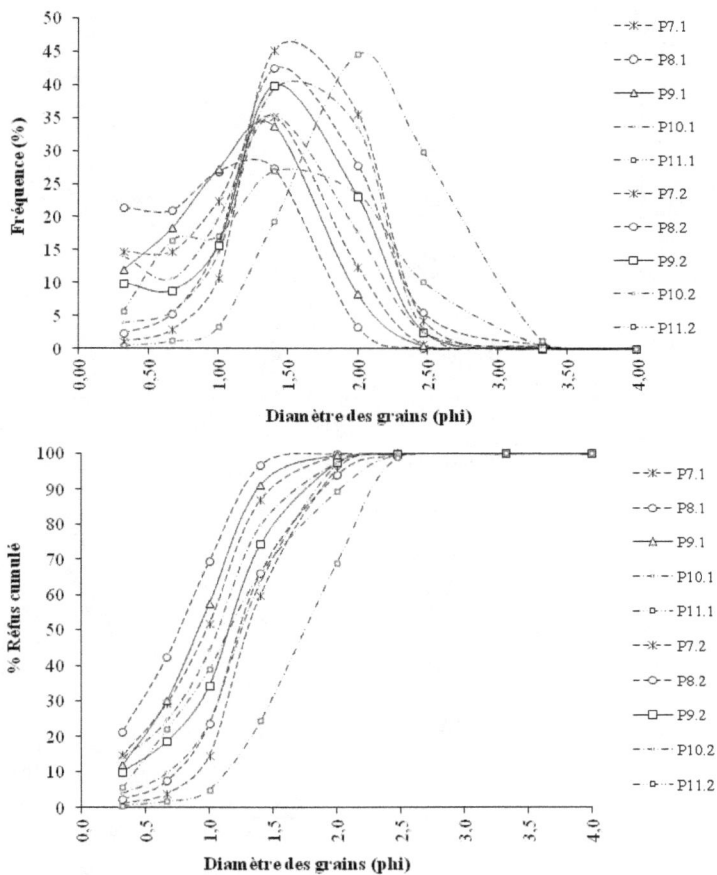

Figure 79.Courbes de fréquences et courbes cumulatives des sédiments de la zone 2, pendant le mois d'Août 2006

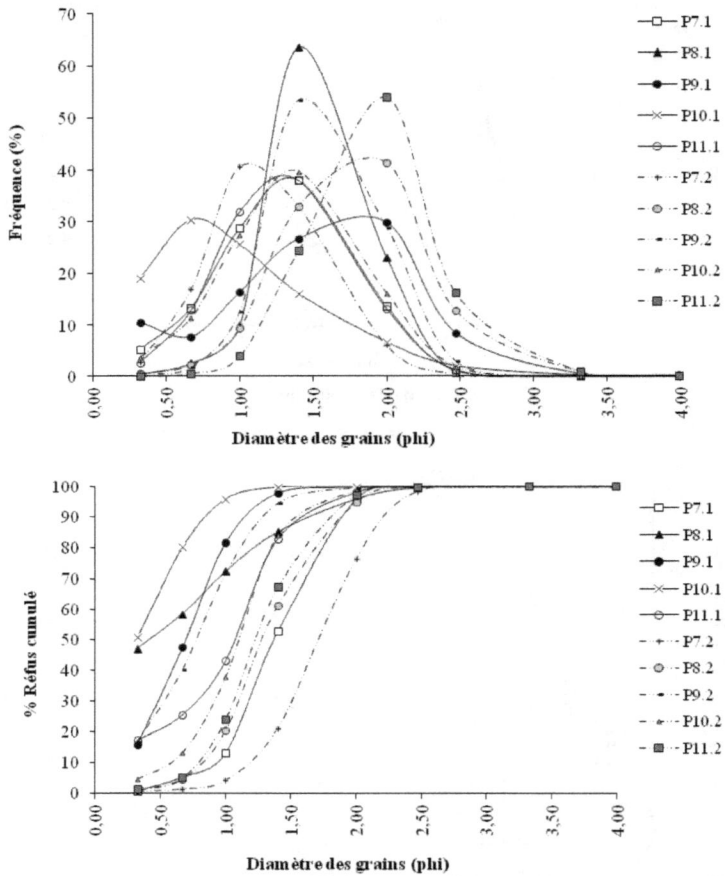

Figure 80.Courbes de fréquences et courbes cumulatives des sédiments de
la zone 2, pendant le mois d'Avril 2007

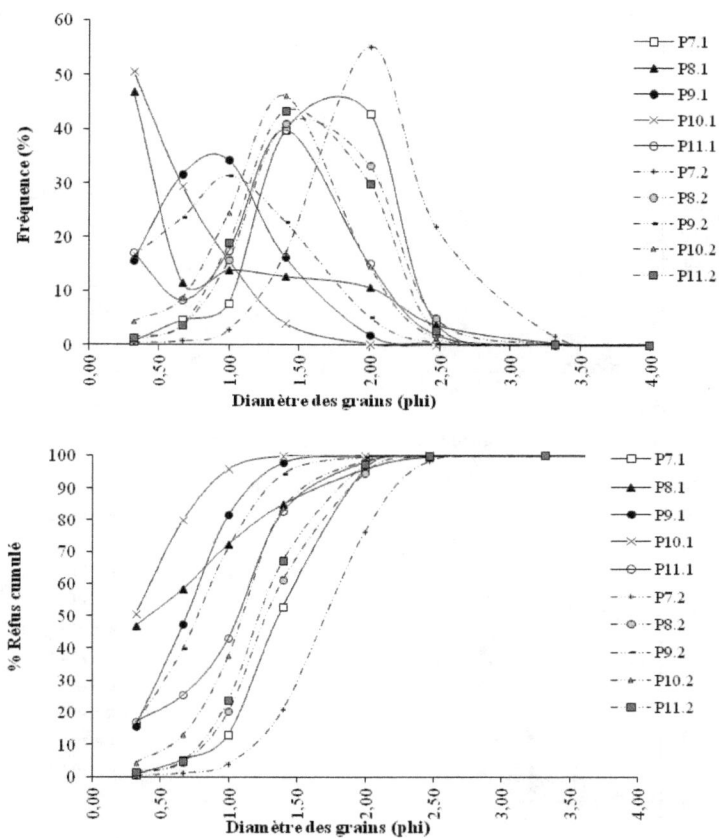

Figure 81.Courbes de fréquences et courbes cumulatives des sédiments de
la zone 2, pendant le mois d'Août 2007

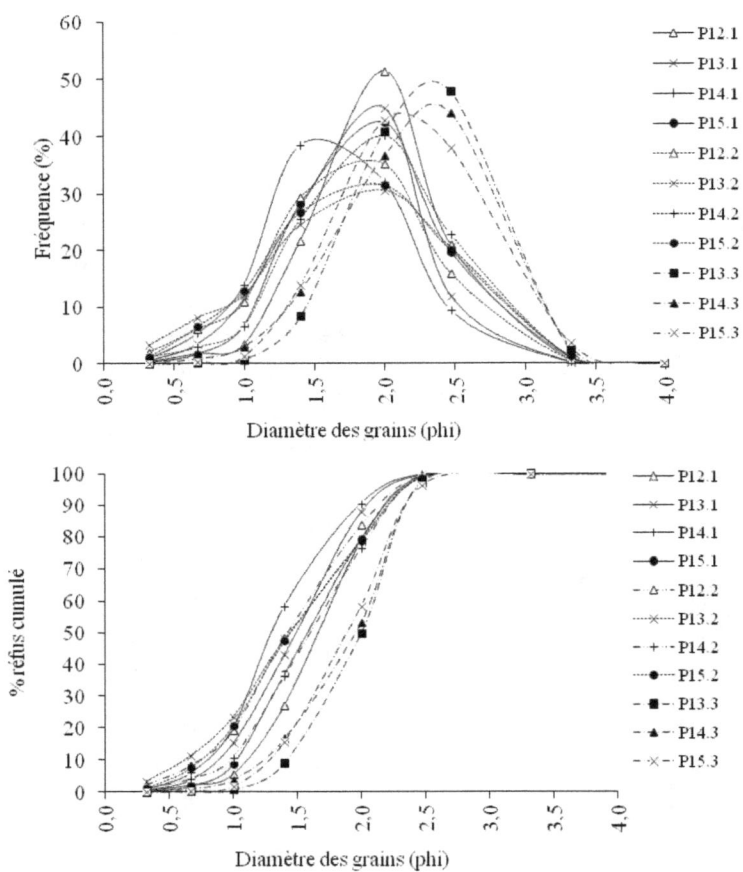

Figure 82.Courbes de fréquences et courbes cumulatives des sédiments de la zone 4, pendant le mois d'Avril 2006

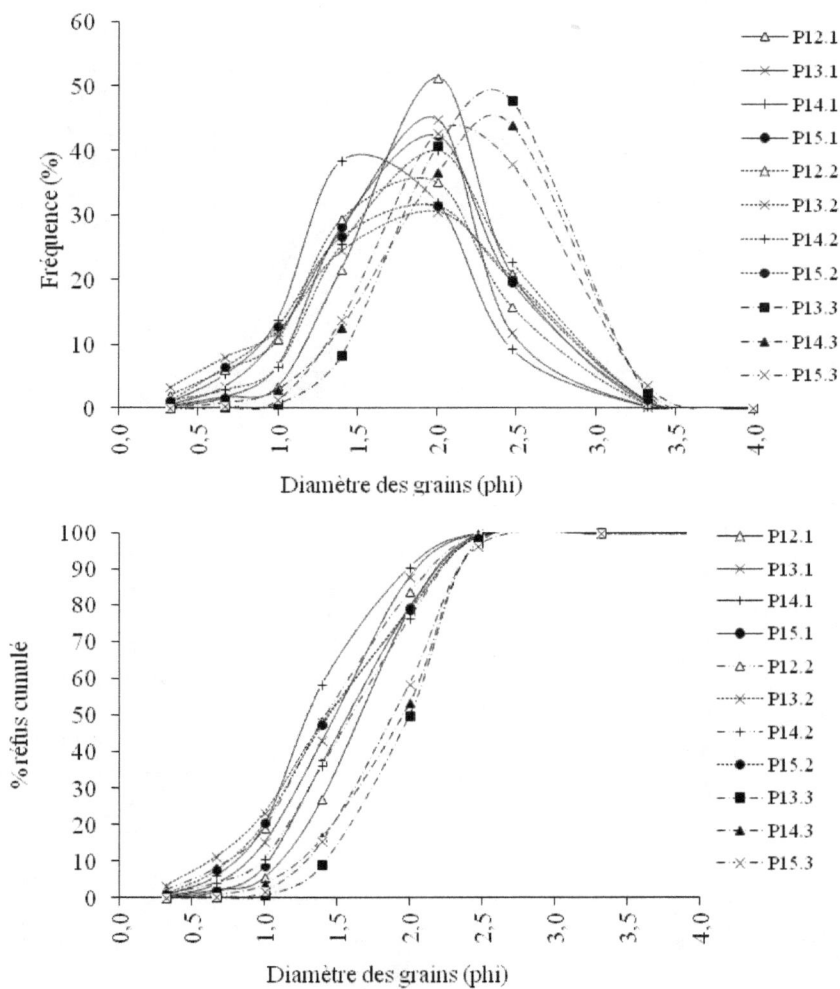

Figure 83.Courbes de fréquences et courbes cumulatives des sédiments de
la zone 4, pendant le mois d'Août 2006

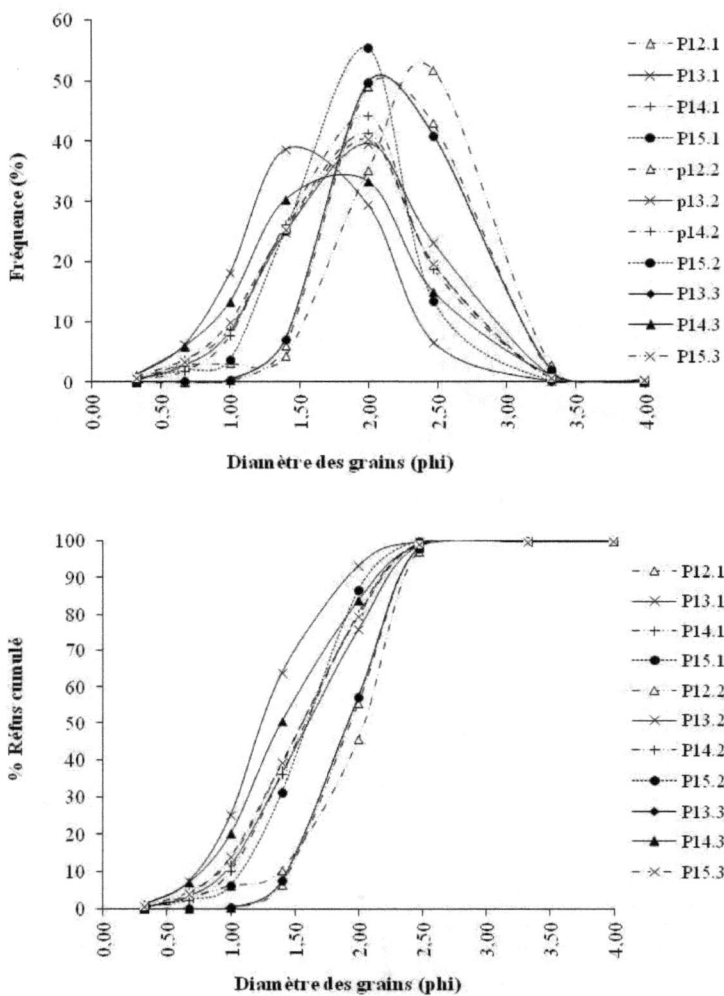

Figure 84.Courbes de fréquences et courbes cumulatives des sédiments de la zone 4, pendant le mois d'Avril 2007

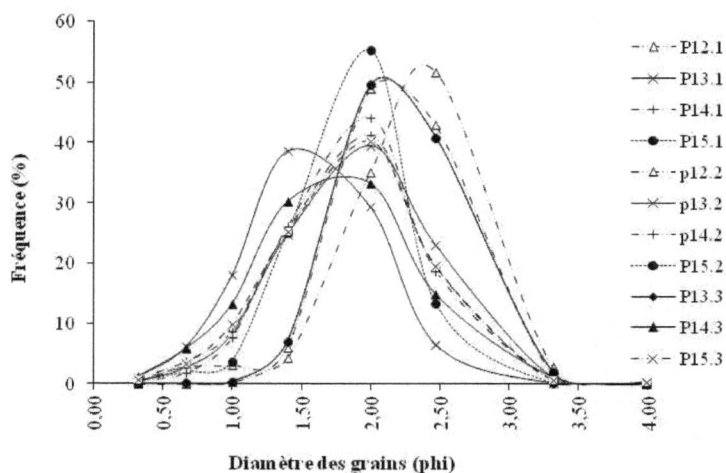

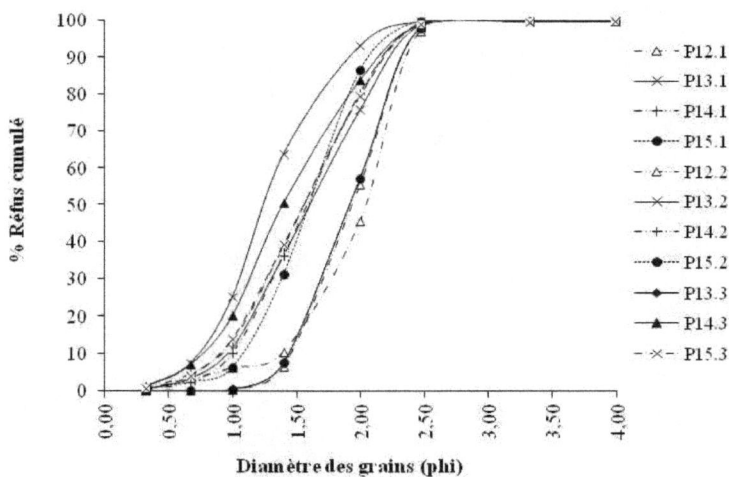

Figure 85.Courbes de fréquences et courbes cumulatives des sédiments de la zone 4, pendant le mois d'Août 2007

ANNEXE 2

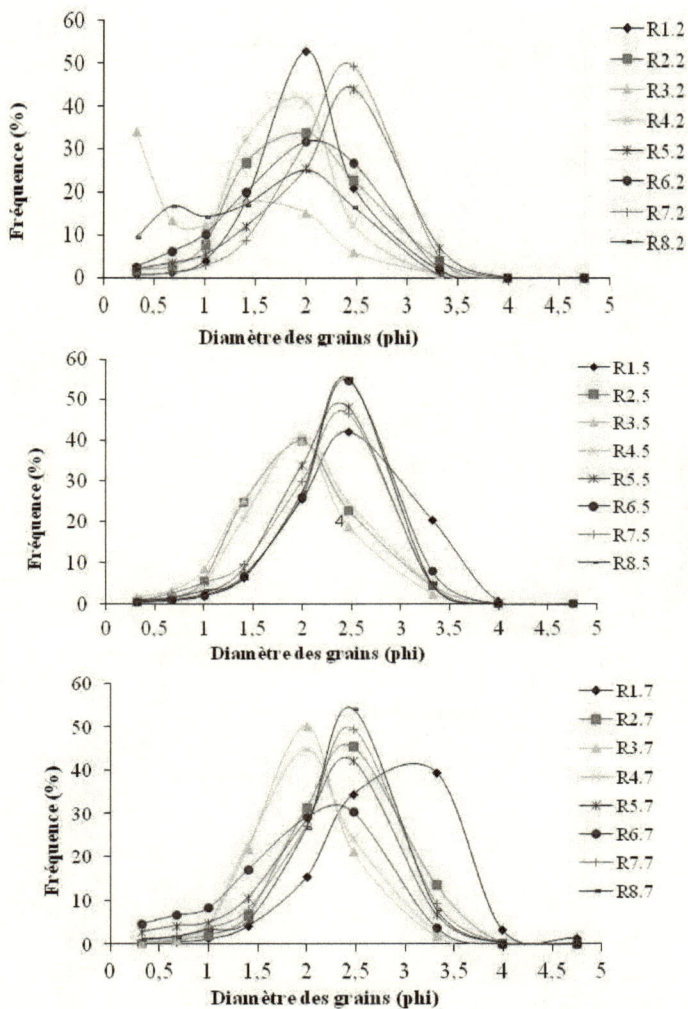

Figure 86.Courbes de fréquences des sédiments des petits fonds de la
frange littorale Tabarka-Berkoukech. (Avril 2006)

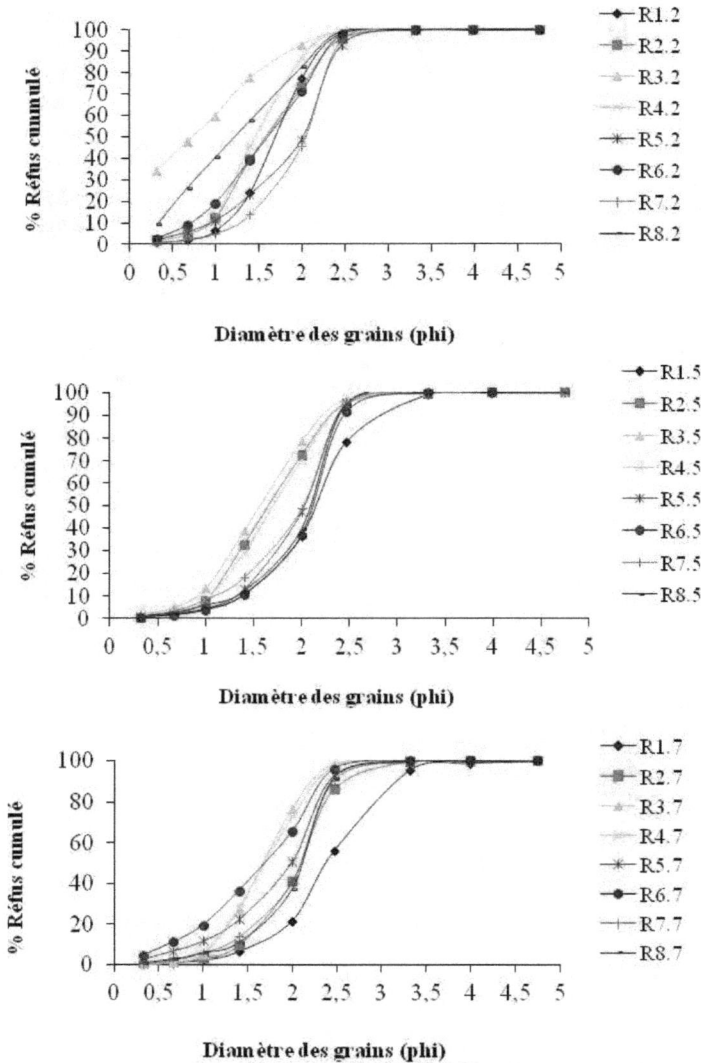

Figure 87.Courbes cumulatives des sédiments des petits fonds de la frange littorale Tabarka-Berkoukech. (Avril 2006)

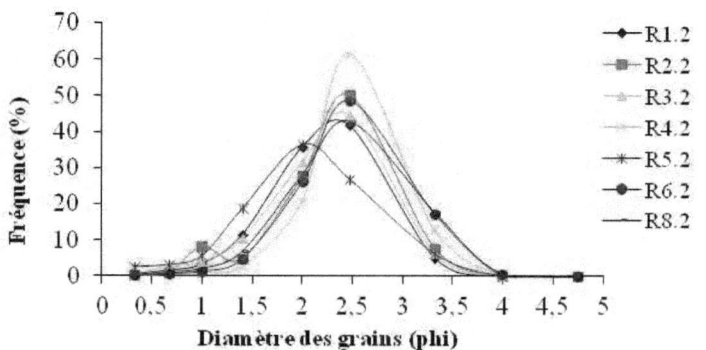

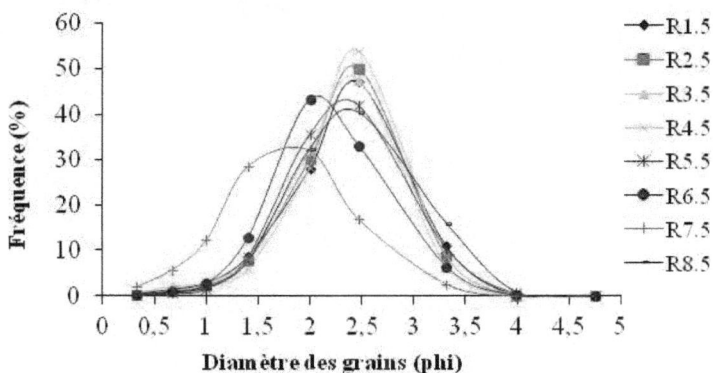

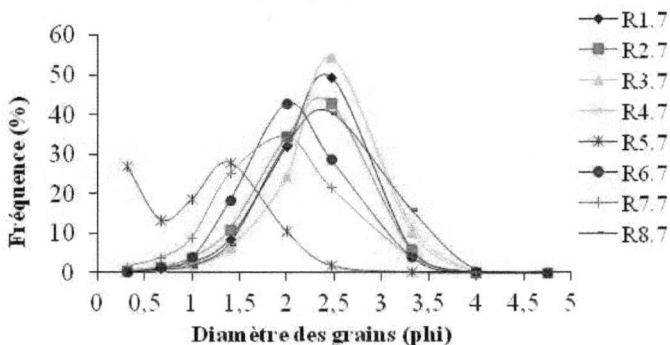

Figure 88.Courbes de fréquences des sédiments des petits fonds de la frange littorale Tabarka-Berkoukech. (Août 2006)

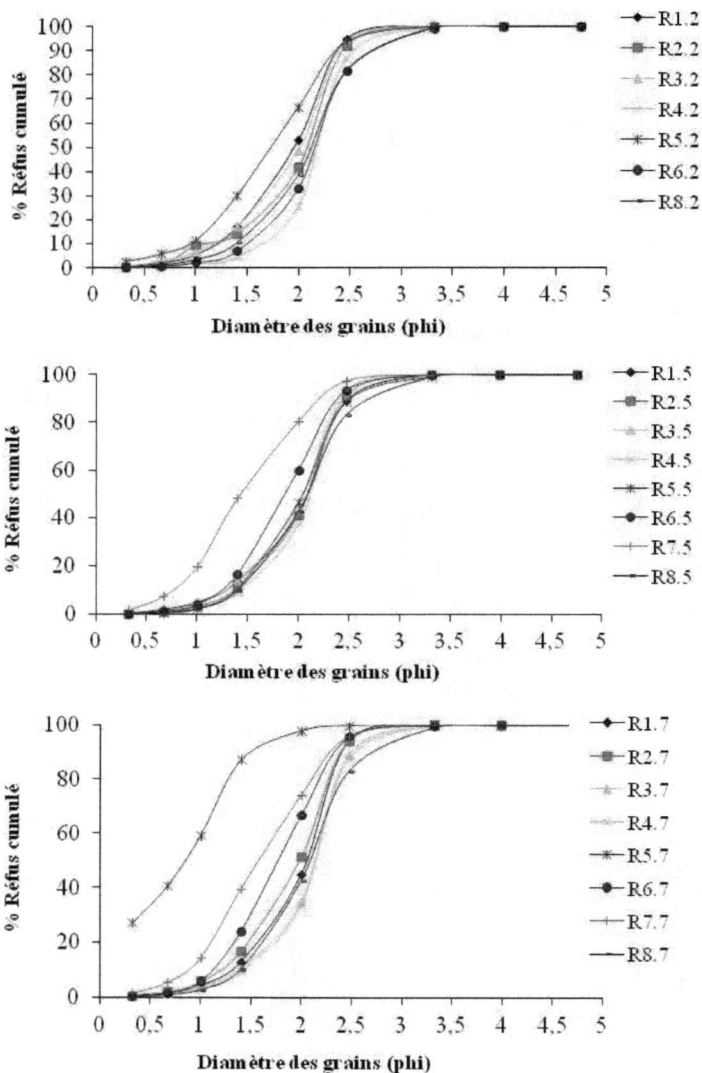

Figure 89.Courbes cumulatives des sédiments des petits fonds de la frange littorale Tabarka-Berkoukech. (Août 2006)

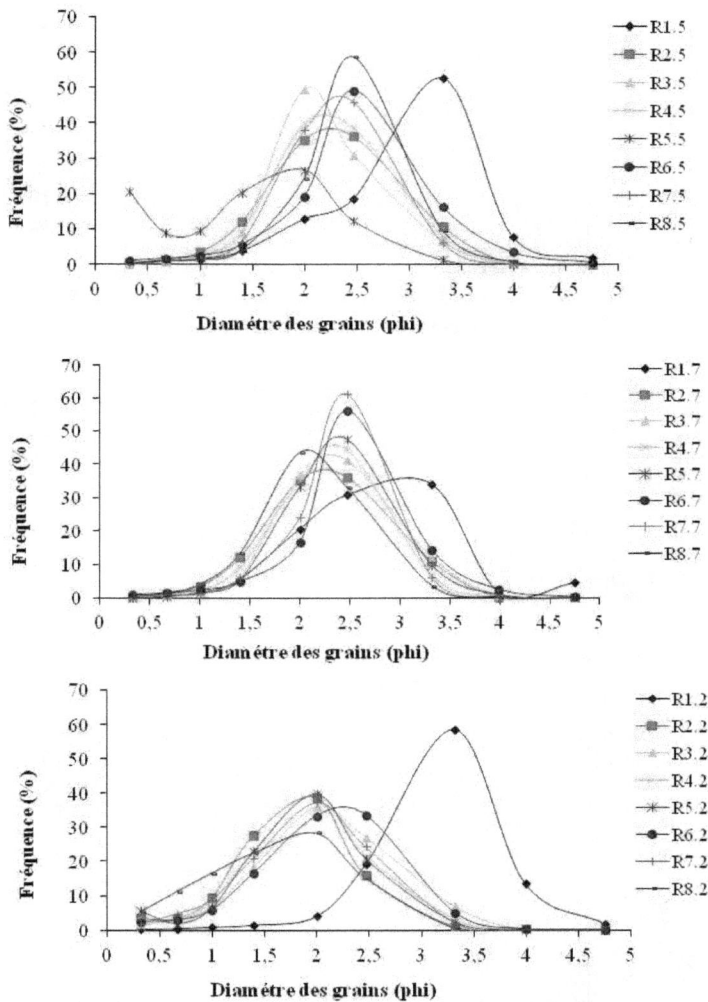

Figure 90.Courbes de fréquence des sédiments des petits fonds de la frange littorale Tabarka-Berkoukech. (Avril 2007)

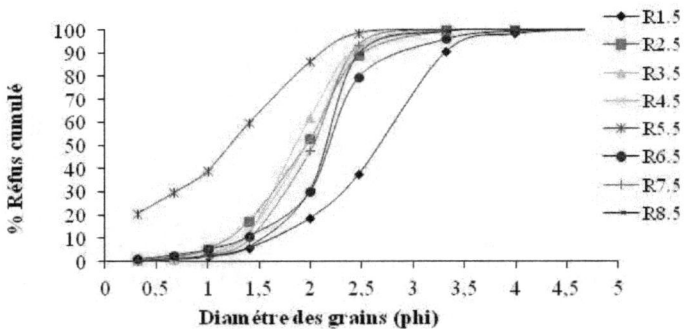

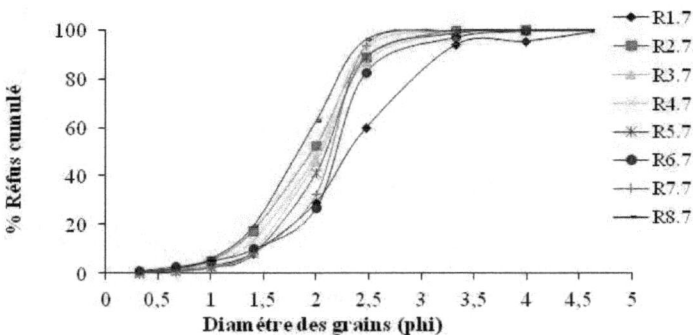

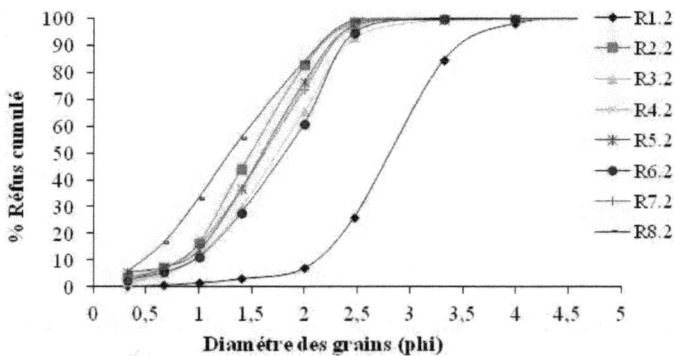

Figure 91.Courbes cumulatives des sédiments des petits fonds de la frange
littorale Tabarka-Berkoukech. (Avril 2007)

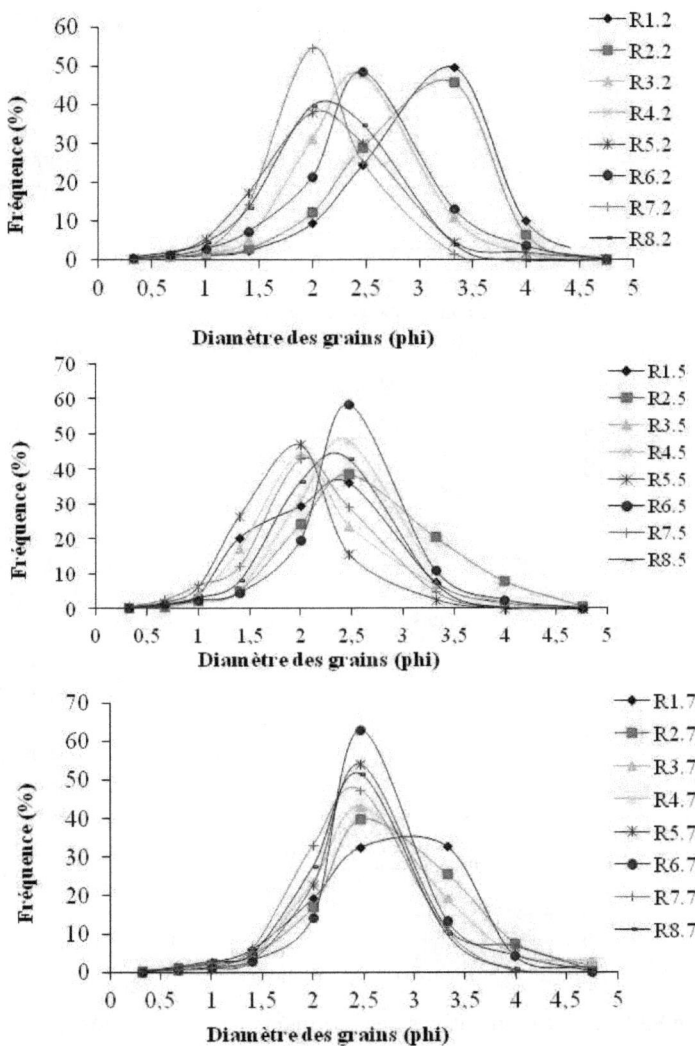

Figure 92.Courbes de fréquence des sédiments des petits fonds de la frange
littorale Tabarka-Berkoukech. (Août 2007)

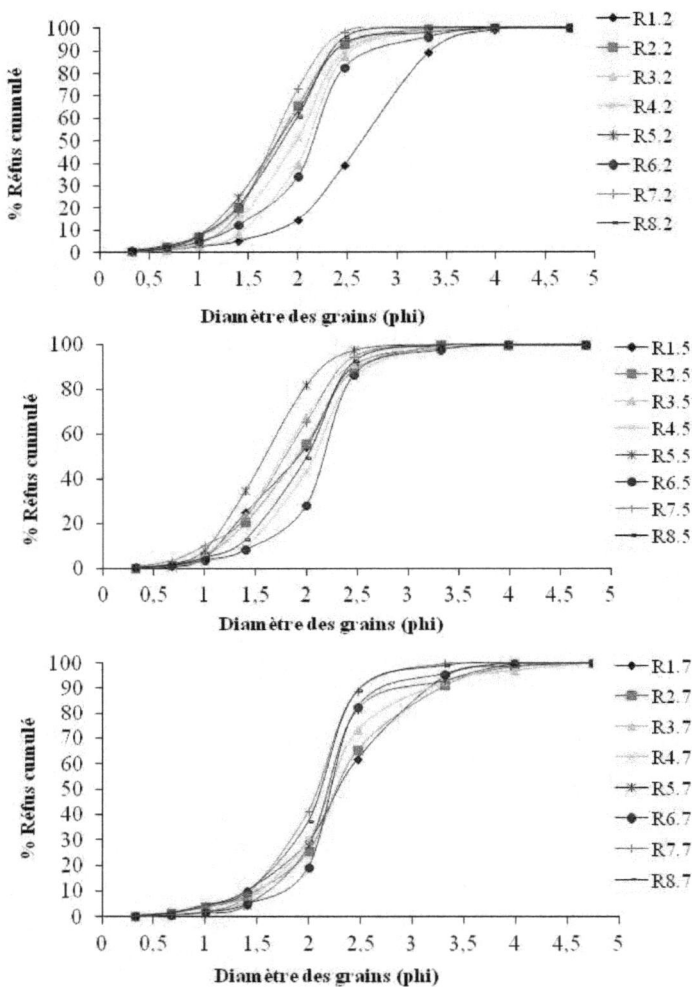

Figure 93.Courbes cumulatives des sédiments des petits fonds de la frange
littorale Tabarka-Berkoukech. (Août 2007)

www.ingramcontent.com/pod-product-compliance
Lightning Source LLC
Chambersburg PA
CBHW021043210326
41598CB00016B/1090